写给青少年的

中国古代科技与发明

3

生活和游戏

苏邦星　编著　袁微溪　绘

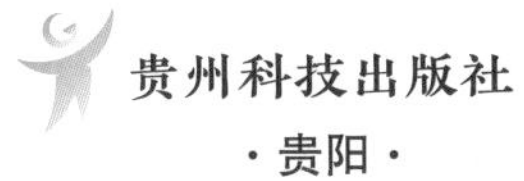

·贵阳·

前　言

中国是一个历史悠久的国家，有着非常璀璨的文明，科技是我国古代文明非常重要的一个方面。在15世纪以前，中国一直都是科技领域的强国，科技水平遥遥领先于西方世界，但是除了“四大发明”之外，很多科技成果却很少为世人所知。

中国古代科技涉及农业、手工、军事、天文、数学、物理、地理、植物、医药、建筑等各个方面，它们种类众多，水平高超，实用性强。中国古代科技的发展不仅推动了我国古代社会的发展，还为世界文明的进步作出了巨大的贡献，甚至对我们的现代生活都产生了深远的影响。

为此，这套书精选了贴近人们生活的农业、手工、天文、军事、建筑、生活、游戏等领域中的80多项中国古代科技与发明，并将它们划分为《农业和手工》《科技和军事》《生活和游戏》3个分册，来为小读者讲解我国古代科技知识。

《农业和手工》主要介绍农具、农作物栽培以及手工方面的发明和创新，农业工具有曲辕犁、筒车、龙骨车等，手工技艺有缫丝、酿酒、制陶等。这些科技与发明生动还原了我国古代人们在田间或手工作坊内劳作的场景，展现了中国古代先进的生产技术。

《科技和军事》主要介绍科学仪器和军事武器的发明和创新，科学仪器有日晷、漏刻、指南针、浑天仪等，军事武器有青铜弩机、毒药烟球、突火枪、火铳等，揭开了古代科学仪器和军事武器的神秘面纱，生动形象地展现了古代科学仪器的复杂原理和使用方法，再现了古代战场上各种火药武器的威力。

《生活和游戏》主要介绍生活用品和娱乐方式的发明和创新，生活用品有镜子、扇子、火折子等，娱乐方式有投壶、象棋、围棋、叶子戏等，这些科技与发明展现了我国古代劳动人民在追求生活质量和生活乐趣方面的智慧和奇思妙想。

本套图书以图文结合的形式，用通俗易懂的语言和细致精美的图片引导小读者了解中国古代科技与发明，探索这些科技与发明背后的智慧，体验古代科技的神奇魅力，进而培养孩子对科学技术的兴趣，促使孩子在实际生活中用科学思维来解决问题，为孩子将来学习科学领域的知识打下坚实的基础。

希望阅读本书的小读者能了解到更多优秀的中国古代科技成果，学习到古人执着的求知精神和勤于实践、善于创造的优秀品质。

目录

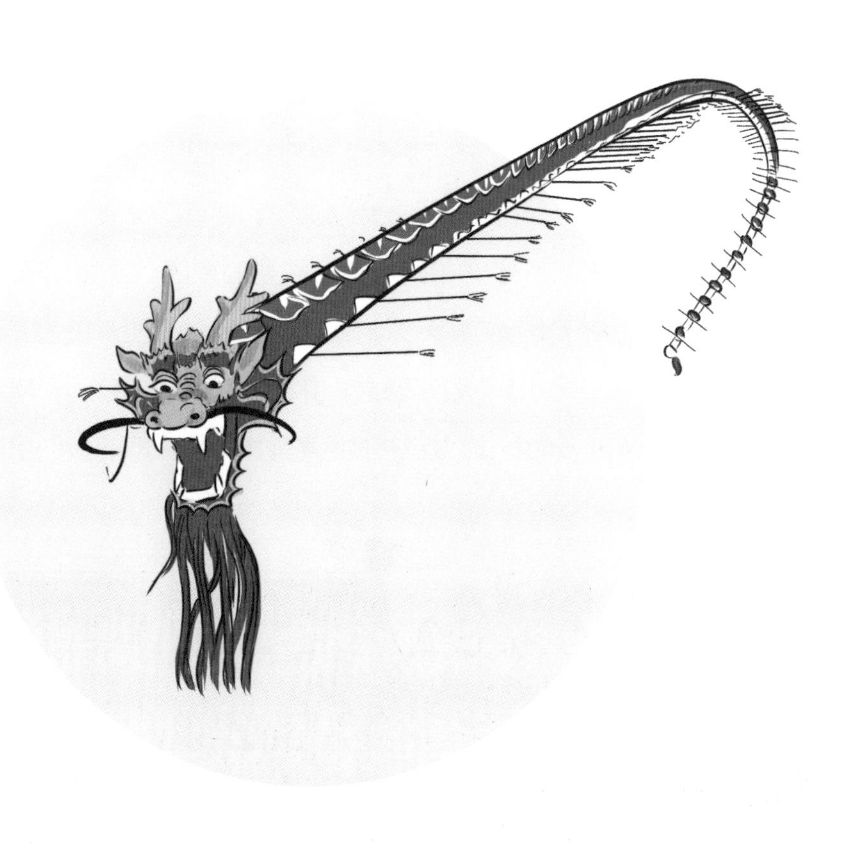

纸币

古代纸币被发明出来之后，逐渐代替金属货币在市面上流通。因为它大大降低了货币的制作成本，而且比金属货币更加容易保存和运输，使商品交易变得更加安全，也更加方便快捷，大大促进了经济的发展。

在原始社会时期，人们在有了剩余物资时，便有了交易的需求。不过，那个时候人们普遍采用以物换物的方式来获得自己需要的东西，比如用一头羊换十只鸡。但是，由于交易物不便于运输，后来人们便决定用一种东西来代替实际交易物。这种东西必须比较难获得，同时还不容易磨损，并且容易携带和分割，用它来代表实际交易物进行交换，这样就方便多了，这种东西就是货币。早期的人们用贝壳来做货币，再

后来，人们用金、银或铜做货币，但由于金、银、铜比较重，而且在流通的过程中非常容易磨损，这样代表固定价值的金、银、铜就会变得不足值，于是，人们发明了纸币。

我国最早的纸币是宋代的交子，它也是世界上最早的纸币。北宋初年，出现了一些叫作“交子铺户”的商铺，它们类似于现在的银行。商人将金属货币存放在交子铺户里，铺户就会给商人一个纸质的凭证，这个凭证就叫作“交子”。交子上面写有存款的数额，相当于存折，取款的时候商人拿着交子并给铺户一点保管费就可以取到金属货币。后来，由于铺户的信誉越来越好，只要拿着交子到铺户，随时都可以取出金属货币来，商人在进行大宗交易的时候不再用金属货币交易，而是直接拿交子交易，这样不但安全而且还非常方便，于是交子得到了广泛的应用，并慢慢具备了货币的功能。后来经过朝廷的认可，交子正式成为货币。纸币的出现标志着我国古代商品经济进入了一个高度发达的阶段。

交子

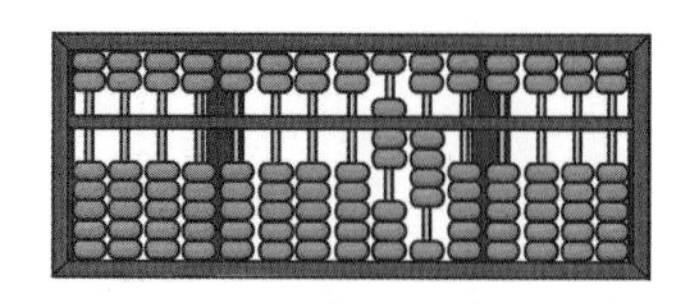

算盘

算盘是我国古代发明的一种简便的计算工具，它是我国劳动人民智慧的结晶，是我国古代一项非常重要且伟大的发明。

据传，算盘是东汉时期发明的，由我国古代的算筹演变而来。算筹是一些同样粗细长短的小棍子，平时放在一个布袋里面随身携带，需要的时候可以拿出来计算。算盘比算筹使用起来更加方便。算盘一般是木制的，在一个长方形的木框里面竖着排列着一串串数目相等的珠子，这些珠子都由竖着的小圆木棍串起来。长方形木框中间三分之一处横着一根木条，即梁，它将算盘分成了上下两部分。

算盘在不使用的时候，所有珠子都要往上、下两个方向的外框集中排列，靠近梁处留出空当。在使用的时候，将珠子拨到梁处就算是计数。用算盘计算也被称为珠算。在珠算的过程中，人们还总结出很多口诀，这些口诀使人们的

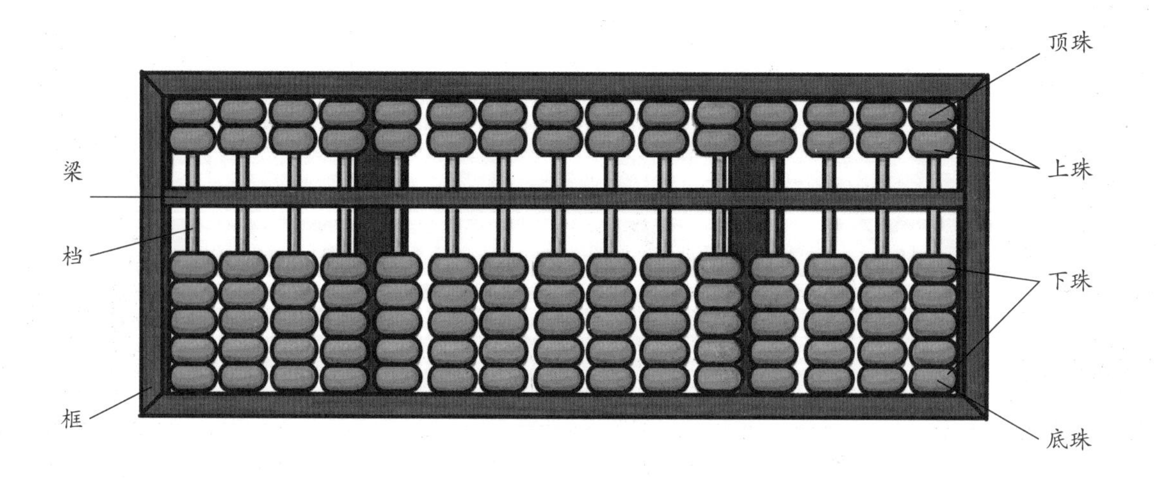

计算速度更快。到了明朝，人们不但可以用算盘来加、减、乘、除，还可以用它来算土地的面积和各种东西的大小。算盘由于制作简单，价格便宜，方便携带，而且十分实用，所以很快被推广开来，并且还传播到了日本、朝鲜半岛等国家和地区。

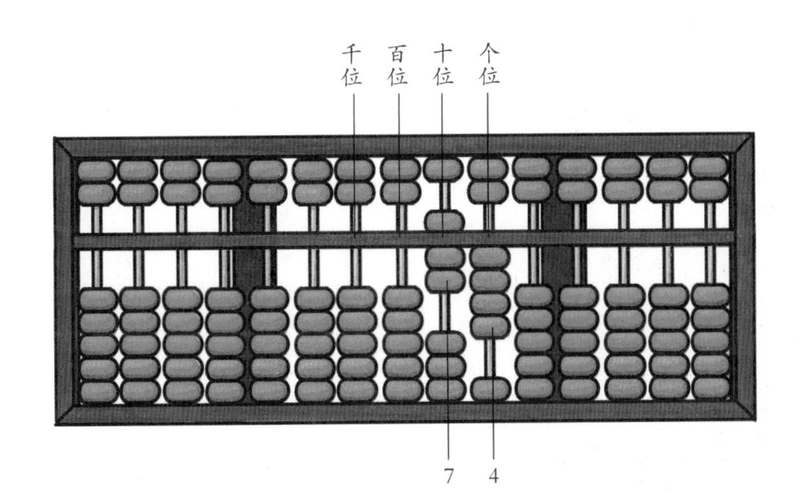

知识链接

如何珠算？把算珠拨到靠着横梁就代表计数，它的每颗下珠代表 1，每颗上珠代表 5，如左图所示，从右到左依次是个位、十位、百位、千位……依此类推。当个位上的 5 个下珠都拨上去的时候，代表数字是 5，满 5 个则把 5 个下珠拨下去，从上面拨下来 1 个代表 5 的上珠。如果个位上的 2 个上珠都被拨了下来则满 10，满 10 就将个位的 2 个上珠拨回去，将十位上的 1 个下珠拨下来……依此类推。

铜镜

铜镜在我国有非常悠久的使用历史，它是我国古代的人们用于梳理妆容的一种重要生活用品。铜镜用含锡量比较高的青铜铸造而成，我国古代铜镜纹饰美观华丽，制作十分精良，是我国青铜铸造技术和艺术文化相结合的产物。

在古代，铜镜出现之前，人们是用器皿装水来照自己仪容的。到了商朝，出现了铜镜，但最初的铜镜主要作为一种礼器用来祭祀，甚至用来占卜吉凶，因为人们普遍认为铜镜具有辟邪消灾的作用。战国到秦朝时期，铜镜依然是非常稀有的物品，只有王孙贵戚才能使用。直到汉朝，随着铜镜铸造水平的不断提高，铜镜才逐渐走入普通百姓的生活，成为百姓必不可少的生活用品。随着生产力水平的不断提高，唐宋时期的铜镜制造工艺更加精良，外形更加多样，图案更加繁复美观。明清时期，玻璃出现，并逐渐成为镜子的原材料，于是，玻璃镜进入人们的生活，铜镜渐渐退出历史舞台。

古代的人们用范铸法铸造出铜镜后还要打磨镜面，这样铜镜的成像效果才会更好。磨好的铜镜一般可以用大半年，由于铜镜和空气接触时间长了容易氧化，导致镜面逐渐变得黯淡无光，所以，过一段时间还需要再打磨。由于铜镜需要定期打磨才能继续使用，所以，古代甚至诞生了一个专门磨镜的职业，磨镜人可以上门提供服务。

古代的镜子大多为圆形，正面是用来成像的平滑镜面，反面则雕刻有很多图案和纹饰，这些图案和纹饰都有非常吉祥的寓意。唐宋时期，铜镜的制式比较丰富多样，棱形、八弧形、鸡心形等形状的铜镜纷纷出现。

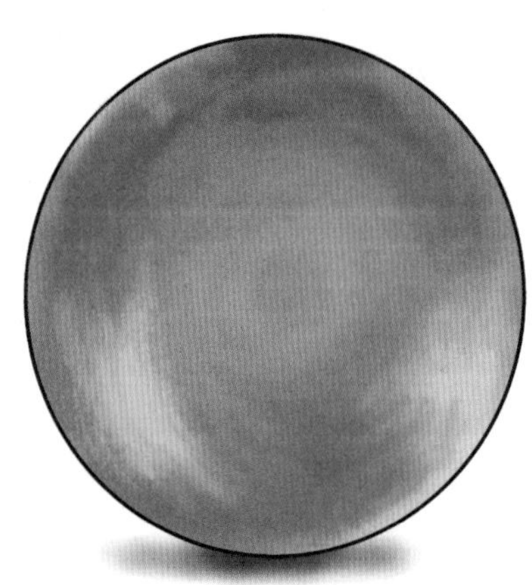

铜镜的制作

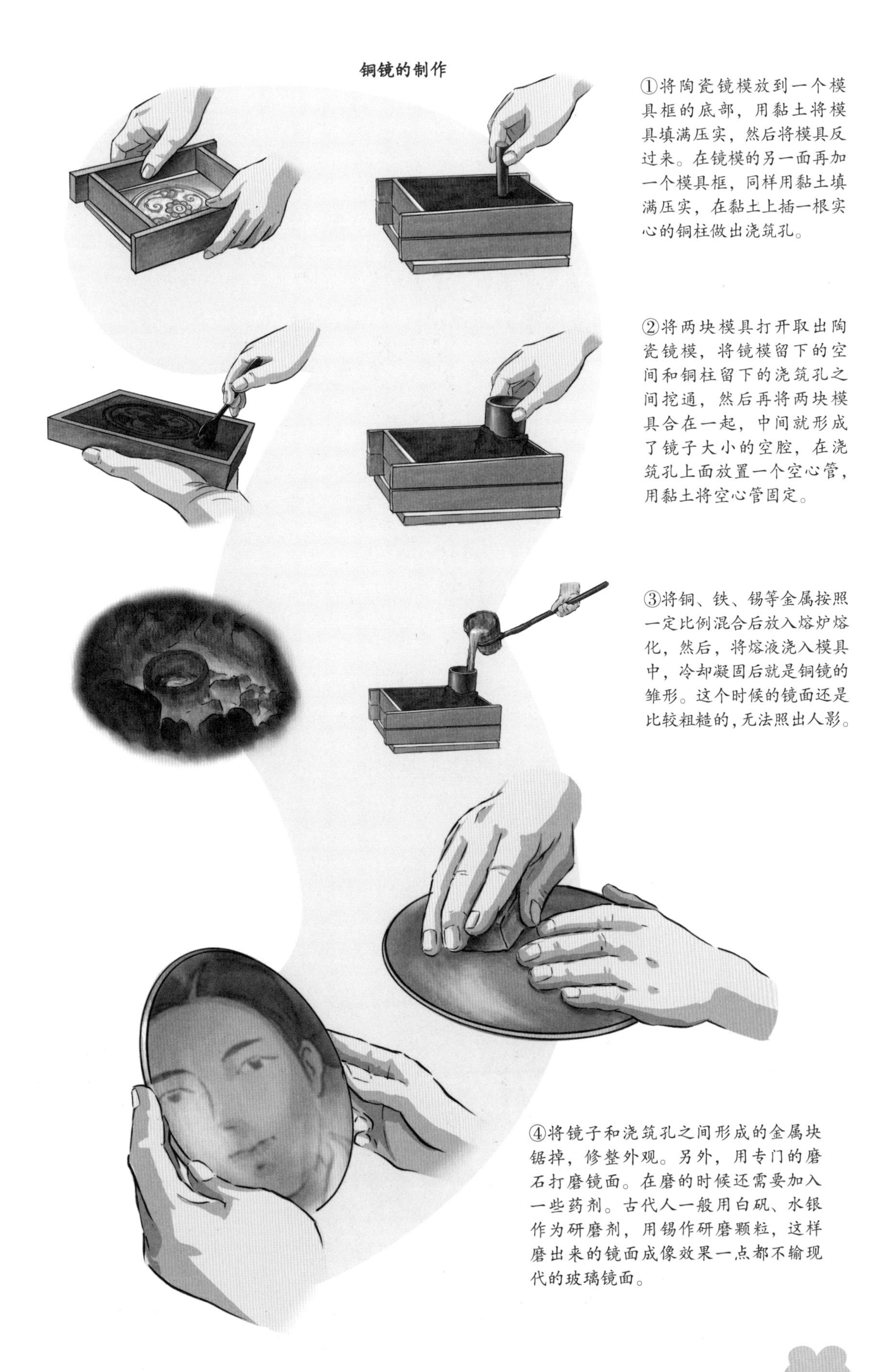

①将陶瓷镜模放到一个模具框的底部，用黏土将模具填满压实，然后将模具反过来。在镜模的另一面再加一个模具框，同样用黏土填满压实，在黏土上插一根实心的铜柱做出浇筑孔。

②将两块模具打开取出陶瓷镜模，将镜模留下的空间和铜柱留下的浇筑孔之间挖通，然后再将两块模具合在一起，中间就形成了镜子大小的空腔，在浇筑孔上面放置一个空心管，用黏土将空心管固定。

③将铜、铁、锡等金属按照一定比例混合后放入熔炉熔化，然后，将熔液浇入模具中，冷却凝固后就是铜镜的雏形。这个时候的镜面还是比较粗糙的，无法照出人影。

④将镜子和浇筑孔之间形成的金属块锯掉，修整外观。另外，用专门的磨石打磨镜面。在磨的时候还需要加入一些药剂。古代人一般用白矾、水银作为研磨剂，用锡作研磨颗粒，这样磨出来的镜面成像效果一点都不输现代的玻璃镜面。

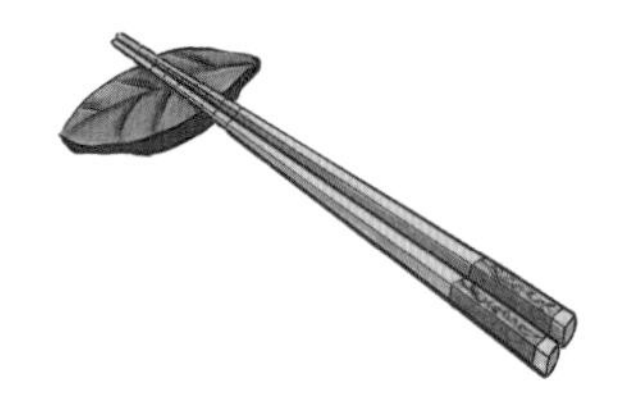

筷子

筷子是常用餐具，起源于我国，在我国已经有三千多年的使用历史。它是源远流长的中华饮食文化的标志之一。

在早期，人主要是生食，吃的时候主要靠手抓。后来，由于开始吃熟食，食物经过火的加工后温度比较高，容易烫手，于是人们开始探索使用工具吃饭。在筷子出现之前，古人用一种叫作“骨匕”的东西进食。殷商时期，纣王就已经有了象牙和青铜做的筷子，说明那个时候筷子这种餐具就已经出现了，但还不是主要餐具。先秦时期，筷子主要用来吃羹里面的菜，人们习惯用手或者勺子吃饭。直到汉朝时期，人们才开始普遍使用筷子。筷子的名称也随着朝代更迭而发生变化，先秦时期，人们把筷子称为“梜”（jiā），汉朝的时候称其为“箸”（zhù），直到明朝，人们才称之为“筷”。筷子在我国被发明出来之后，又传播到了东南亚等地区，现在，朝鲜、韩国、日本、越南等国家都普遍使用筷子来就餐。

筷子由两根细长的棍组成，可以用木头、竹子、塑料等多种材料制作。筷子主要用于吃饭的时候夹取食物，同时还有挑、拨、扒等多种功能。一般来说，夹取食物那端比较细，横截面为圆形。而另一端比较粗，横截面为方形。这是因为我国古代的人们认为“天是圆的，地是方的”，所以把天圆地方的理念体现在了筷子上，而握筷子的手在中间，就实现了“天地人”三者合一。另外，从实用的角度来说，筷子的圆尖头更方便夹取食物，另一端比较粗的方形筷子头可以防止筷子在桌上放置时发生滚落的情况。另外，为了防止筷子放在桌上时沾到桌面，人们还会为筷子配置筷枕。

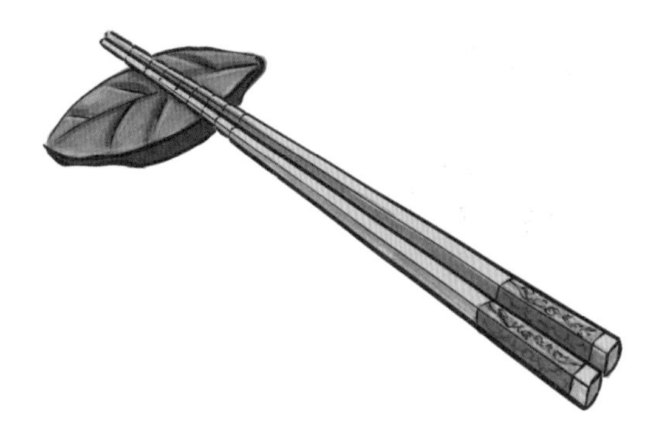

人们会在筷子上雕刻一些花纹，这样既可以增加美观度，还可以增加筷子的摩擦力，夹取食物时不容易滑落。筷枕是用来架筷子的物品，它可以避免筷子接触桌面，使筷子和桌面都更加干净卫生。

毛笔

毛笔为文房四宝之一，是我国传统的书写、绘画工具，在我国有着悠久的历史。它是汉族先民智慧的结晶，大大推动了汉文化的发展以及与世界文化的交流。

毛笔位居文房四宝之首，在 19 世纪西方钢笔传入我国之前，毛笔一直是我国人民主要的书写工具，有着不可撼动的地位。毛笔由笔头和笔杆构成，笔头由各种动物的毛制作而成。我国毛笔种类繁多，根据不同划分标准可以有非常多的分类。根据笔毛的不同，毛笔可以分为硬毫、软毫以及兼毫三种类型。硬毫笔一般是用兔毫或者狼毫等制作而成。兔毫选取的是兔子脊背上或者尾巴上的毛，而狼毫在早期确实是用狼身上的毛，但后来一般是用黄鼠狼尾巴上的毛。硬毫笔弹性比较大，笔力劲挺。软毫笔一般用羊毫、鸡毫或婴儿的胎毫等制作而成。软毫笔非常柔软，弹性比较小。兼毫笔则是用软硬两种毫制作而成，既有一定的弹性，还有一定的柔软度，刚柔并济。

毛笔的制作方法非常复杂，大致可以划分为以下六个步骤。

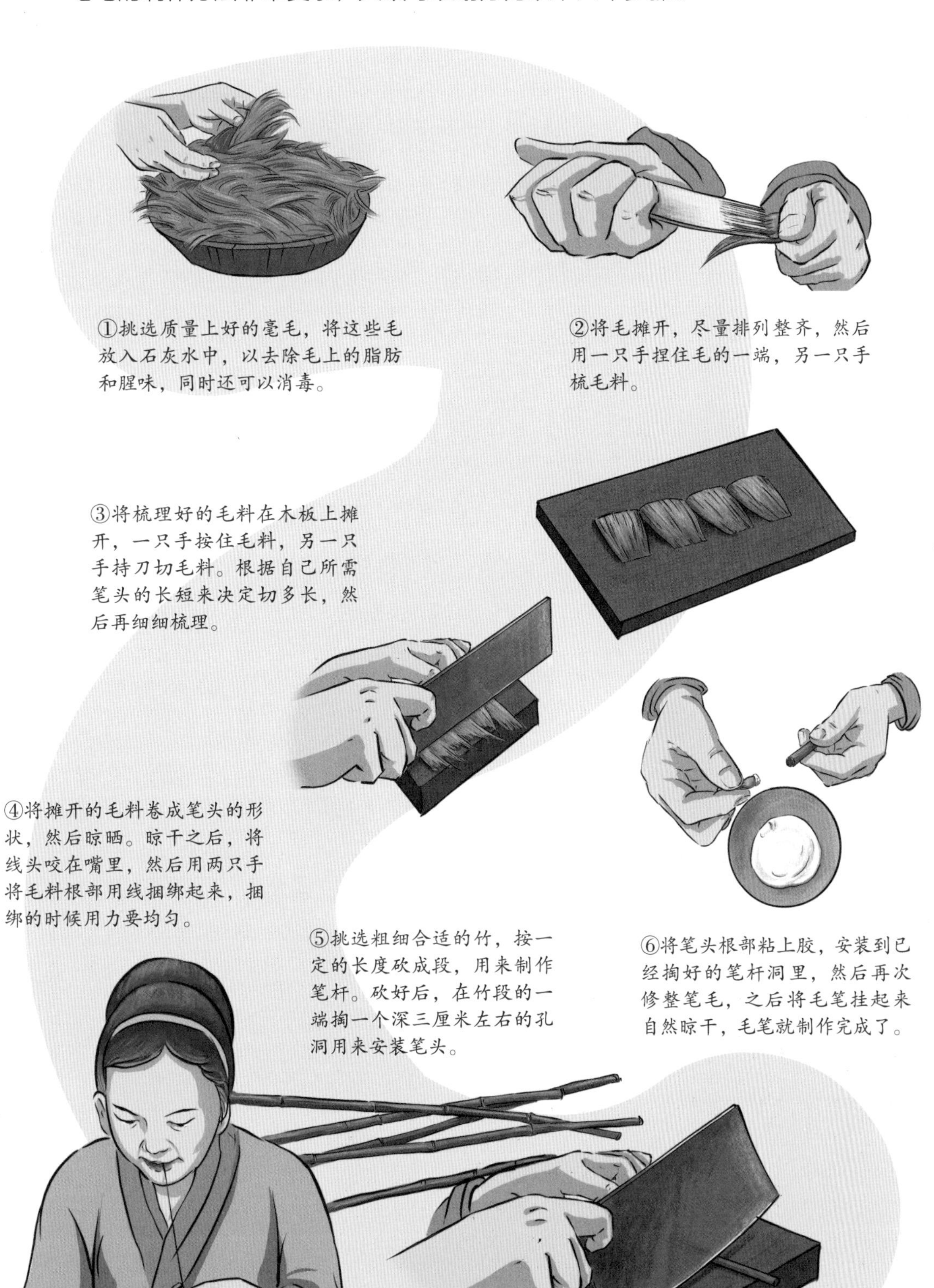

①挑选质量上好的毫毛，将这些毛放入石灰水中，以去除毛上的脂肪和腥味，同时还可以消毒。

②将毛摊开，尽量排列整齐，然后用一只手捏住毛的一端，另一只手梳毛料。

③将梳理好的毛料在木板上摊开，一只手按住毛料，另一只手持刀切毛料。根据自己所需笔头的长短来决定切多长，然后再细细梳理。

④将摊开的毛料卷成笔头的形状，然后晾晒。晾干之后，将线头咬在嘴里，然后用两只手将毛料根部用线捆绑起来，捆绑的时候用力要均匀。

⑤挑选粗细合适的竹，按一定的长度砍成段，用来制作笔杆。砍好后，在竹段的一端掏一个深三厘米左右的孔洞用来安装笔头。

⑥将笔头根部粘上胶，安装到已经掏好的笔杆洞里，然后再次修整笔毛，之后将毛笔挂起来自然晾干，毛笔就制作完成了。

扇子

我国是最早发明并使用扇子的国家，扇子在我国有着非常悠久的使用历史。我国扇子的种类繁多，扇文化博大精深，源远流长。

扇子在我国商朝就已经有了雏形，但在最开始，扇子并不是用来扇风纳凉的，而是用作位高权重者的仪仗。这种扇子不是由位高权重者手持，而是由站在他身后的侍从拿着，所以，也被称作“掌扇”，以表示统治者“广开求贤之门”。掌扇多为长柄扇，用漂亮的雉（zhì）尾做成，一般成双出现，以彰显统治阶层的尊贵和权威。不同等级的人可以使用的掌扇的数量不同，并且还有明确的规定——“天子八扇，诸侯六扇，

大夫四扇，士二扇”。这种仪仗扇被后面的各个朝代沿用下来。到了唐朝，仪仗扇改用孔雀羽毛制作，更加华丽。到了清朝，民间婚丧嫁娶中也开始使用仪仗扇，可见此时仪仗扇已经不再是权力的象征。

秦汉以后，除了有仪仗扇以外，还有很多用来扇风纳凉的实用扇子。这些扇子形状各异，有方形、圆形、六角形等。这个时期的扇子制作面料也更加多样，不再单一地使用羽毛，而是用丝、绢之类的丝织品制作而成。隋唐时期，出现了大量的纸扇和团扇。文人墨客在纸扇上作画，扇子也成为文人墨客的标配，用来彰显自己的品位。同时，团扇在唐朝女子当中也开始流行。团扇又叫纨（wán）扇，也叫宫扇，大多为短柄圆扇，由丝织品制成，上面绣着各种精美的山水花鸟。后来，团扇还流传到了日本。

我国自古以来就有“制扇王国”的称号，制作扇子的能工巧匠通过各种技艺将五花八门的东西制作成扇子，比如竹子、木头、羽毛、象牙……都成了制扇师傅的制扇材料。另外，我国扇子的文化底蕴十分深厚，各种书法和绘画都能在扇子上有所体现。我国古代的扇子做工精良，纹饰美妙绝伦，这使扇子不但具有实用价值，还具有非常高的文化艺术价值，它从普普通通的日用品变身为身价百倍的珍贵收藏品。中国扇子种类繁多，其中，著名的有四种：檀香扇、绫绢扇、火画扇、竹丝扇，它们都有独特的魅力，被称为中国四大名扇。

火画扇产自广东新会，它的扇面由一种葵叶制作而成。火画扇上的图案非常精美，是用点燃的香火或者加热的铁笔烙画而成，技术难度非常高，画面永不褪色，具有非常高的收藏价值。

竹丝扇产自四川自贡，一般为桃形，有点类似于团扇。它由细如发丝的竹丝编织而成，颜色一般是娇嫩的黄色，非常薄，摸上去绵软而细腻，可以和丝织品的手感相媲美。扇面上的图案多为山水或者人物，古代曾为贡品。

火折子

火折子是我国古代一种便于随身携带的引火器，也是一种移动的照明设备，可以称得上是古人日常生活中的“黑科技”。火折子的发明给古代人们的生活带来了很大的便利。

火折子据说是南北朝时期的一个宫女发明的，它的外壳是一截竹筒，竹筒里面是一截卷有各种易燃物的纸卷，纸卷的粗细程度正好可以塞入竹筒里面。点燃竹筒里面的纸卷之后，将筒盖盖上。盖上盖子后的竹筒内部氧气比较少，纸卷处于将熄未熄的状态。将这样的火折子随身携带，当需要火源时，取出火折子来，

拔掉筒盖，对准火折子里面的纸卷吹一口气，吹气时要短促、用力并且送气量大，这时候纸卷就会微微发亮，重新燃烧。其原理是纸卷之前并没有熄灭，如同灰烬中的余火，处于一种微弱燃烧的状态，当它重新暴露在空气中时，借助氧气的作用复燃。

火折子按照制作材料的不同可以分为普通版和高级版。普通版火折子就是用粗糙的草纸将棉花、硫黄、磷等易燃材料卷成筒塞入竹筒即可。一般普通老百姓家庭会使用这样的火折子。而高级版火折子的制作材料和制作过程则复杂很多，一般是有钱人或者贵族家庭使用。

伞

我国是世界上最早使用伞的国家，伞在我国的使用历史十分悠久。它是我国传统工艺品之一，凝聚了我国古代劳动人民的智慧。

古代贵族人士乘坐的马车，一般带有车盖，且配置的车盖大小有规定。通常来说，等级越高的车辆，车盖越高。套着四匹马的高盖车，是极高的配置了。秦始皇陵出土的1号青铜马车，就是配有四匹马的高盖车，象征着至高无上的帝王权力。

关于伞的起源，有不同的说法。一种说法是伞由黄帝发明，起初是放在战车上使用的，后来被各朝沿用，成为帝王出行时的车盖，也被称为“华盖”。

另一种说法是，伞是在春秋时期，由著名的木工大师鲁班的妻子发明的。最开始伞面是用丝帛制作的，此时的伞被称为“罗伞”，价格非常昂贵，主要用作王公贵族及各级官员出行时的仪仗。另外，伞不仅有做成圆形的，还有做成方形的，罩

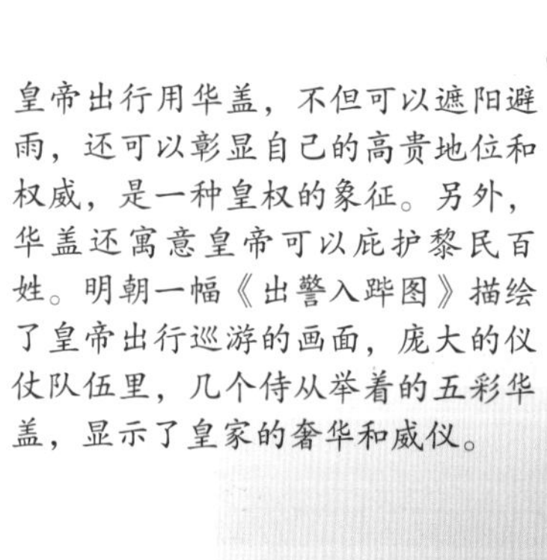

皇帝出行用华盖，不但可以遮阳避雨，还可以彰显自己的高贵地位和权威，是一种皇权的象征。另外，华盖还寓意皇帝可以庇护黎民百姓。明朝一幅《出警入跸图》描绘了皇帝出行巡游的画面，庞大的仪仗队伍里，几个侍从举着的五彩华盖，显示了皇家的奢华和威仪。

古代撑着油纸伞的女性

在帝王出行的车子上，或者由侍从举着，被称为“华盖”。不同等级的人出行使用的罗伞在名称、大小、材质以及颜色方面都是不同的。

东汉时期，蔡伦改进了造纸术，纸的质量大大提高，产量也大大增加。于是，人们利用纸制作出了可以防雨的油纸伞。制作油纸伞的主要材料是竹子、纸张以及桐油。由于生产成本比较低，因此，制作出来的油纸伞价格也比较低，普通百姓也有能力购买。另外，它的防雨功能非常好，重量比较轻，携带非常方便，给古代人们的生活带来了极大的便利，逐渐成为古代人们日常生活中不可或缺的用品。文人雅士甚至在伞面上题诗作画，使油纸伞除了实用以外，还有了审美价值。

到了唐朝时期，我国的油纸伞被传到日本、朝鲜半岛等国家和地区，受到欢迎，因此，油纸伞也被称为“唐伞”。

知识链接

据传，黄帝和蚩（chī）尤作战的过程当中，由于太阳光太强烈，黄帝在战车上看不清远处敌方的情况，于是发明出这种伞盖用于遮阳，并最终打败了蚩尤。据晋·崔豹《古今注·舆服》记载：“华盖，黄帝所作也，与蚩尤战于涿鹿之野，常有五色云气，金枝玉叶，止于帝上，有花葩之象，故因而作华盖也。”

油纸伞在古代人们的生活中除了有遮雨的实用价值以外，还有很多其他的用途。书生进京赶考的时候，要在包袱里面放一把红色的油纸伞作为“包袱伞”，寓意“保福伞”，保佑书生一路平安，考取功名。后来，油纸伞逐渐变成了一种文化象征。

在古代，由于油纸伞的销量比较大，所以，制作油纸伞的作坊随处可见。古代的油纸伞由纯手工制作，它的制作过程非常复杂烦琐，不同的人负责不同的制作环节。制作油纸伞的师傅对品质把控非常严格，并制定出很多验收标准。伞面的绘制由具有比较高的绘画水平的专业画师完成，这些画绝大多数是我国的传统水墨画，具有浓浓

的中国古典特色。制作油纸伞比较出名的地方有苏州、杭州、泸州等地，这些地方制作油纸伞的历史十分悠久，做出来的伞经久耐用，工艺十分精良。

油纸伞的制作流程细分起来大概有八十多道工序，大致可以分成号竹、制作骨架、上伞面、作画、刷桐油等五个步骤。

冰釜

冰釜（fǔ）是古代的人们在夏季用来给食物保鲜的一种器皿，类似于现代的冰箱，不仅外形美观，而且在功能设计方面也非常科学。

冰釜的外形很像一个盒子，内部有内外两层空间，由两个器皿套在一起构成。外部的器皿叫作鉴。古代的鉴就是盛了水用于映照的大盆，由于冰釜用的鉴是方形的，所以也叫方鉴。方鉴的盖子也是方形的，而且盖子上有镂空的花纹。方鉴内部

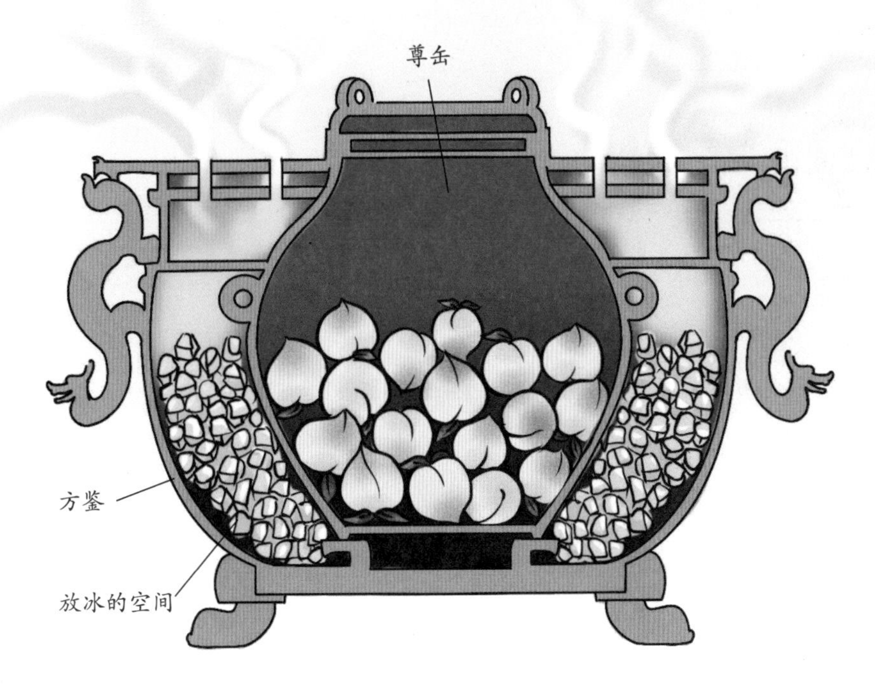

冰釜剖面侧视图

放置一个尊缶（fǒu）。尊缶原本是用来盛酒的器皿，这里主要用来盛食物。冰釜内部用的尊缶开口是比较大的，而且在方鉴的底部设有机关，可以牢牢固定住尊缶，这样即使冰釜在移动的时候，内部的尊缶也不会发生晃动或者翻倒的情况。方鉴和尊缶之间有一定的空间，夏天的时候，在这个空间里面放冰块，冬天则放热水用来温酒。冰釜上面还会放一个长柄勺子，方便用来舀里面的饮品。

在夏天，古人将瓜果放到冰釜中的尊缶内，然后将冰块放到尊缶和方鉴之间的空间里面，这样，冰块就对瓜果起到了保鲜冷藏的作用。另外，还可以将酒等饮品放到尊缶里面进行冰镇，这样在夏季就可以喝到凉爽的冰饮。虽然冰釜在冷藏方面的功能不能和现代冰箱媲美，但也足以起到解暑的作用。

冰釜中的冰块融化时会吸收室内的热气，进而给房间降温。所以，冰釜不但起到了冰箱的作用，还起到了空调的作用。冰釜里的冰块需要定时更换，在夏季需要大量的冰块，所以要想使用冰釜，家里还需要配有冰窖。在古代，只有皇家或贵族才有冰窖。他们在冬天的时候将室外的冰块放到冰窖里面保存起来，有专人管理，夏季炎热的时候便可以将冰窖里面的冰块拿出来使用。冰窖的建造以及维护费用都是比较高的，所以，冰釜绝对不是普通老百姓家庭可以使用得起的东西，而是古代皇家或者贵族用来消暑的专用品。

豆腐

我国是最早种植大豆的国家，也是豆腐的发明国。豆腐作为一种豆制品，富含蛋白质，营养丰富，一直都是我国重要的传统食品之一。

在我国，大豆种植已经有五千多年的历史。在豆腐被发明出来之前，人们食用大豆的方法比较简单，常常是将大豆蒸煮后直接食用或将大豆磨成豆浆来饮用。相传到了汉朝，汉高祖刘邦的孙子淮南王刘安发明了豆腐，他用石膏或盐卤作凝结剂将豆浆做成了细嫩好吃的豆腐。到了宋朝，豆腐的地位上升，成为非常重要的食品。制作豆腐的作坊也越来越多，豆腐的口感变得更好，豆腐的做法和吃法也更加多样化。人们用豆腐制作出了豆腐干、豆腐皮等多种类型的豆制品。豆腐的很多吃法都受到人们的喜爱。

在古代，豆腐的制作主要靠人力，制作过程也比较复杂，整个流程大致可以分为六个步骤：浸泡豆子、磨豆子、煮豆浆、过滤豆浆、点卤、挤水。

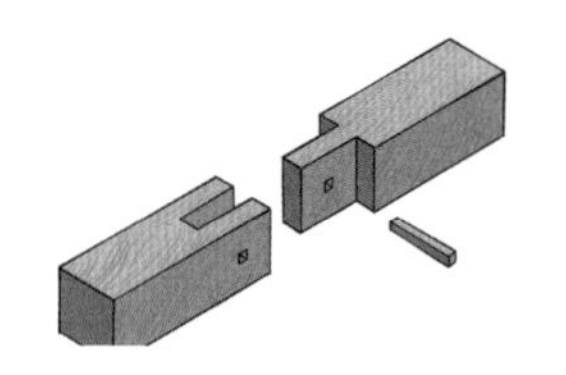

榫卯结构

榫（sǔn）卯结构是指两个木构件之间凹凸嵌合的一种连接方式，扣合严密，是我国劳动人民智慧的结晶，在我国历史悠久，是祖先留给我们的宝贵财富。

在没有钢筋、水泥的古代，房屋基本都是木结构的，但抗震能力非常强，能保持几百年甚至上千年不倒。这主要归功于古人发明的榫卯结构。所谓的榫卯结构，就是指两个木构件之间通过一种凹凸嵌合的方式连接，凸出来的部分叫作榫，或者榫头；凹进去的部分叫作卯，或者榫眼、榫槽。这种连接方式咬合得非常紧密，能有效地限制木件的位移、扭动和变形，且可以承受很大的负重。在遇到地震的时候，这种木结构甚至可以减少或者抵消地震波带来的影响。由于榫卯结构非常科学合理，所以在古代被广泛地应用于建筑、家具以及木制器械中。

榫卯结构在新石器时期就已经出现了，人们用榫卯结构建成可以抵御野兽攻击的

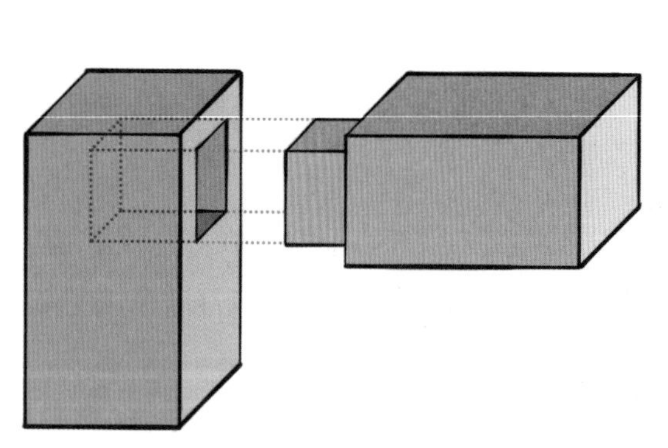

这是榫卯结构中较为简单的一种，凸出去的“榫”和凹进去的“卯”大小基本相同，一旦榫插进卯之中会非常紧密，使得两个木构件紧紧咬合在一起。而且两个木构件在温度变化的时候会一起热胀或者冷缩，这使得家具不容易变形开裂。

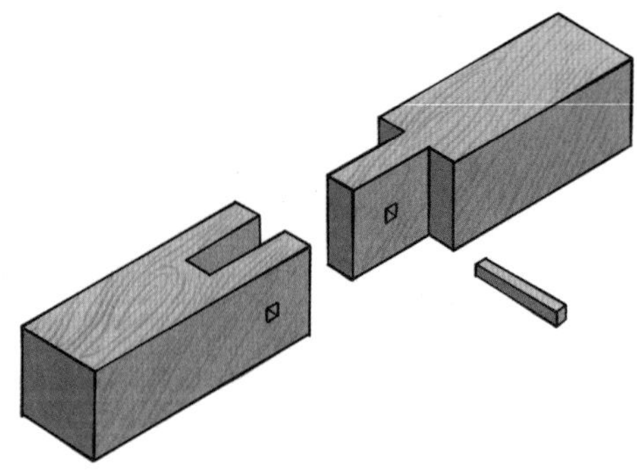

有的榫卯结构还会和木钉相结合。图中这两个木件上面都有孔，在榫卯相互嵌合之后再钉入旁边的木钉，本身榫卯之间就已经非常紧密，钉入木钉之后更加坚实牢固。

干栏式建筑。到了春秋战国时期，人们将榫卯结构应用到了家具上。秦汉时期，榫卯结构更加成熟，种类也更加复杂多样。隋唐时期，榫卯结构达到了鼎盛，甚至出现了上千个木构件通过榫卯结构咬合在一起的建筑，建筑外观更加精密 、坚实、美观。明清时期，榫卯结构在红木家具上得到了发扬光大。这一时期，几乎榫卯的所有种类都得到了展现和应用。榫卯结构的种类繁多，发展趋势由简单到复杂，连接的木构件也由少到多。

古代很多的房屋和建筑都是用榫卯结构建造而成的，整个建筑为纯木结构，不用一颗钉子，无论湿度、温度如何变化，所有的木结构都浑然一体，紧密相连，抗震性能非常好。

编钟

编钟是我国古代用青铜铸造的一种打击乐器，它主要用于古代宫廷演奏。在军队征战、重要人物朝见或者一些重大祭祀活动中，编钟是重要的演奏乐器。编钟的出现说明我国的音乐文化已经达到了非常高的水平，同时也说明我国的铸造技术也达到了高超的地步。

编钟由很多大小不同的钟组成，按照形状的不同主要可以分为钮钟和甬钟两种。它们按照音调的高低依次悬挂在一个大大的架子上，形制不同的编钟，音调和音量是不一样的。一般编钟越小，音调越高，音量越小；编钟越大，音调越低，音量越大。

钮钟是编钟的一种类型，钟体一般比较小，由青铜铸造，顶部有半环状的鼻钮，这个鼻钮方便将其挂在钟架上。编钟表面会用图案或者花纹装饰，这些图案或者花纹是通过浮雕、阴刻或者彩绘的方式添加上去的，和编钟本身的颜色相得益彰，显得非常庄重肃穆、精美壮观。

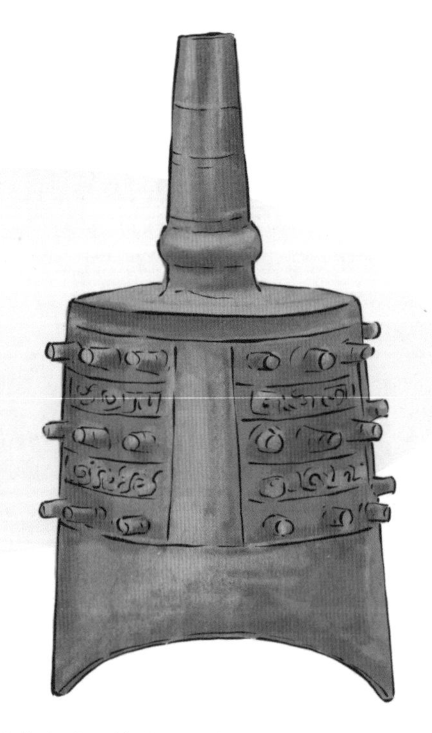

甬钟也是编钟的一种类型，钟体一般比钮钟大，由青铜铸造，顶部有长长的一根甬柱，钟身上的乳钉状凸起叫作“枚”。有这种乳钉状凸起的钟叫作“有枚钟”，没有这种乳钉状凸起的钟叫作“无枚钟”。

演奏者根据乐谱用丁字形的木锤和长长的木棒敲击这些编钟就可以将乐曲演奏出来。虽然编钟是一种非常古老的乐器，但它在音质、音准、音色等各方面都毫不逊色于其他民族的打击乐器。

曾侯乙编钟被发现之前，西方音乐界一直认为我国古代只有宫、商、角、徵（zhǐ）、羽五声音阶，而七声音阶是从西方传入我国的。但曾侯乙编钟的发现，证明了我国在战国时期就已经有了七声音阶：宫、商、角、变徵、徵、羽、变宫，这七声音阶对应的正是西方七声音阶 Do（1）、Re（2）、Mi（3）、Fa（4）、Sol（5）、La（6）、Si（7）。这个发现直接改写了世界音乐史。

在三千五百多年前的商朝，我国就出现了编钟这种乐器，比欧洲的十二平均律的键盘乐器还要早大概两千年。西周时期，编钟这种乐器开始兴起，春秋战国到秦朝时期，编钟这种乐器的发展达到鼎盛。早期一套编钟里面只有三枚，演奏出来的音比较少。随着时代的发展和生产力水平的提高，编钟里面钟的数量越来越多，由刚开始的三枚一组变为九枚一组，再后来十三枚一组，演奏的乐曲也更加美妙动听。由于编钟这种乐器造价比较高，而且演奏的人必须要有专业的音乐素养，所以它一直是宫廷专用乐器，很少在民间流传。

曾侯乙编钟是我国目前发现的组件数量最多、保存最好的一套编钟，由于它的组件数量非常多，所以它也是音律最全、气势最宏伟的一套编钟。曾侯乙是我国战国时期曾国的国君，由于这套编钟是在曾侯乙墓发掘出来的，所以，被命名为“曾侯乙编钟”。

曾侯乙编钟按照大小和音高将钟分成八组挂在三层钟架上。它们当中最小的钟只有 2.4 千克，最大的钟重达 203.6 千克。上层三组钟是钮钟，一共有 19 件。中层三组钟是甬钟，一共有 33 件。甬钟根据钟体上面枚的长度，又分为无枚甬钟、短枚甬钟以及长枚甬钟三种类型。下层有 12 件大型的长枚甬钟，中间有还一件比较特殊的钟，叫作镈（bó）钟，它是楚王送给曾侯乙的礼物。所有钟加在一起一共有 65 件，并配有 6 把丁字形的木锤，演奏时需要多人配合。另外，钟架上还有 6 名佩剑的青铜武士，使整套编钟显得气势非常宏大。

曾侯乙编钟的音域（所谓的音域是指一件乐器能发出的最低音和最高音之间的范围）比“西洋乐器之王”钢琴的音域更宽广。

曾侯乙编钟演示图

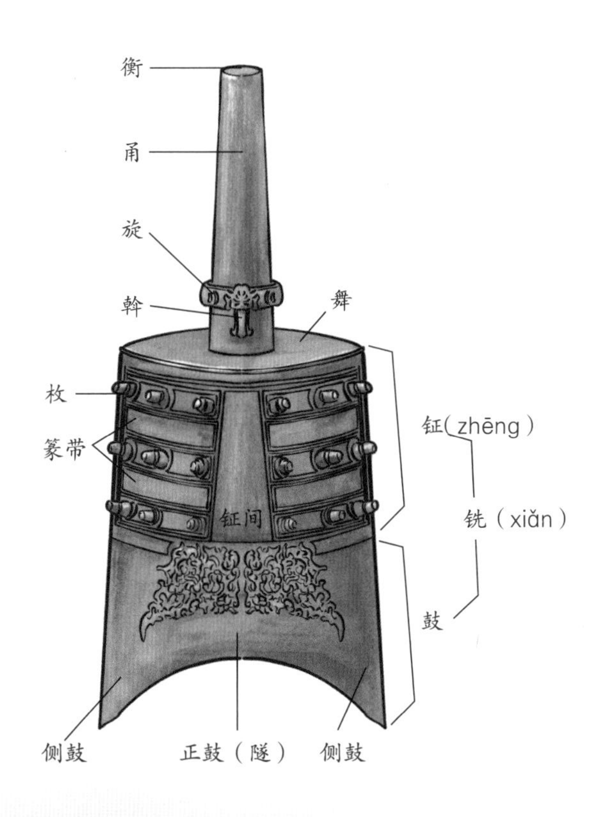

知识链接

曾侯乙编钟还有个了不起的特点，就是能敲出“一钟双音”的效果。钟的下半部分叫作鼓，演奏的时候敲的正是这部分。鼓的正面部分叫作正鼓部，左侧叫作左鼓部，右侧叫作右鼓部，敲击正鼓部和敲击两侧鼓部发出的声音是完全不同的，这就叫作“一钟双音”。这是因为钟体是由两段圆弧构成的合瓦形，敲击正面和侧面会产生不同的振幅，振幅不同会导致音律和声音大小不同，于是，就产生了“一钟双音”的效果。

剪纸

剪纸是我国的传统民间艺术，有非常丰富的样式，和民俗生活结合紧密。剪纸工艺现在已经成为人类非物质文化遗产之一。

剪纸是指用剪刀或刻刀在纸上剪刻花纹或者图案。西汉时期，剪纸被发明出来。到了唐代，剪纸的手工艺已经达到了极高的水平。南宋时期，剪纸已经形成了一个

行业，有专门的剪纸艺人从事这个行业，并且人们还将剪纸工艺运用到了陶瓷上。明清时期，剪纸业达到鼎盛，剪纸在人们的生活上的应用更加广泛。

按照剪纸的基本技法，剪纸主要分为阴剪和阳剪两种类型，分别又叫作阴刻和阳刻。所谓阴刻，是将图案从整张纸上剪掉，用镂空的部分来体现图案；阳刻，是把图案以外的部分都剪掉，只剩下图案。在实际操作过程中，人们往往会采用阴阳结合的方法。

按照剪纸的表现方法，可以将剪纸分为单色剪纸、多色剪纸以及立体剪纸三种。单色剪纸是剪纸中的基本款，由单一的一种颜色的纸剪制而成；多色剪纸具有多种色彩，制作工艺也更加复杂，要通过点染、套色、分色等多种方法赋予剪纸丰富的颜色；立体剪纸既可以是单色，也可以是多色，是类似于浮雕的一种新型剪纸，作品更加生动逼真。

打铁花

打铁花是我国民间传统的一种烟火形式，也是非常富有特色的一种民间习俗，具有非常丰富的文化内涵。打铁花在我国历史悠久，现在是我国非常宝贵的非物质文化遗产之一。

打铁花就是将铁融化成铁水，然后用一种叫作“花棒”的工具将铁水迅速抛撒到空中。铁水在空中散作朵朵金花，绚丽绽放，场面十分壮观。最早的打铁花其实是一种道教祭祀活动的庆祝方式。每当道教有了重大庆典，就会请工匠打一次铁花，讨个吉利，引来周围民众的围观。后来，打铁花渐渐演变成民间的一种娱乐活动。

打铁花这项活动举办的时候非常讲究，要先在空旷的场地建一个一丈多高的四角大棚，叫作“花棚”。大棚的顶部铺满了新鲜的柳树枝，柳树枝上面绑着各种烟花爆竹。顶部正中央还要竖起一根一丈多高的杆子，这根杆子被称为“老杆”。老杆顶上同样要绑上鞭炮和烟花等，这叫作“设彩”。在花棚旁边，放置一个熔炉，然后将铁放入熔炉熔化，打铁花者用形似大勺的花棒舀起熔炉里面的铁水迅速抛到空中，再迅速躲回花棚下面。在表演的时候，往往会有多个打铁花者，他们在花棚和熔炉之间穿梭往来。有人在花棚外打铁花，还有人手持两个花棒，这两个花棒一个里面有铁水，一个没有铁水。打铁花者用没有铁水的花棒向上猛击有铁水的花棒，铁水冲向花棚，引燃花棚及老杆上的那些烟花和鞭炮。燃放的烟花和鞭炮与漫天的铁花交相辉映，流光溢彩，非常梦幻美丽。

知识链接

铁水从半空中落到人的身上会烫伤人吗？铁水被打到空中之后会迅速地化成无数微小的颗粒，这些小颗粒在往上空飞的过程和往下落的过程中温度会迅速降低，犹如电焊冒出的火花，并不烫伤人。

皮影戏

皮影戏是一种用人物剪影进行表演的小型民间戏剧，它是我国一种古老的民间传统艺术，体现了劳动人民丰富的想象力和强大的艺术创造力。皮影戏在民间广泛流行，很受人们的欢迎。

皮影戏也叫作影子戏，这种戏剧的“演员”是一个个用兽皮或纸板做成的人物剪影，这些剪影的后面和棍子连接，人握着棍子来操控它们表演。皮影戏有自己的剧本，这些剧本大多以手抄为主。在演出前，艺人要按照剧本提前将剧情排练好。表演的时候，皮影人物和操纵它们的艺人都在一块白色幕布后面，皮影人物紧贴白色的幕布，在灯

光的照射下，它们的样子在白色幕布上活灵活现，颜色也鲜艳透亮。在艺人的操纵下，这些皮影人物做出各种动作，并且动作和鼓点旋律相配合。

操纵皮影的艺人要将自己代入皮影角色里面，不但手指要非常灵活，嘴巴也要配合手部的动作唱曲说词，甚至有的时候脚下还要控制锣鼓进行配乐。艺人的技艺水平决定了皮影戏的精彩程度。技艺高超的艺人甚至可以同时操控好几个皮影人物。皮影戏在演出的时候，需要多个艺人合作，他们分工明确，有的艺人负责操纵皮影人物，有的负责演奏乐器，也有的艺人两者兼顾。皮影戏配乐中经常使用的乐器有二胡、三弦、锣、鼓等，这些乐器共同演奏，为皮影戏增光添彩。

由于皮影戏的道具都比较轻便，不受演出场地限制，演完随时可以换下一个地方，随演随走，流动性很强，演员也不需要专业培训，所以，皮影戏在民间也被称为“一担挑”。

①选皮
各个地方使用的皮类各不相同，我们以牛皮为例。选择上好的公牛皮，这种皮厚度适中，柔软且坚韧，色泽比较均匀，透明度高，非常适合雕刻成影人。
②制皮
将选好的牛皮浸泡在干净的凉水里，加入石灰和草木灰等，泡好后用特制刮刀反复刮上面的毛和脂肪。刮干净后，将牛皮绷在框子上晾皮，注意不要暴晒。等到牛皮充分晾干之后将其分割成小块，然后用砂纸反复打磨并用软布沾油擦拭。

皮影戏将民间的工艺美术和戏曲相结合，在我国已经流传了上千年。在漫长的发展和传承中，各地形成了不同的流派和风格，但唯一不变的是，它们都以精彩曲折的故事情节和活灵活现的人物吸引着观众。对于皮影戏来说，最重要的道具就是那些活灵活现的皮影人物（也叫作影人）。影人不仅可以用于皮影戏演出，也可以作为一种装饰物品放在房间内观赏。另外，影人还有非常不错的收藏价值。制作影人的匠人，不但需要有比较高的绘画水平，还要有高超的雕刻技能，将多种技能集于一身才能够制作出好的影人。

影人的制作是一个非常复杂的过程，大致可以分为选皮、制皮、画稿、过稿、镂刻、敷彩、发汗熨平、缀结完成八个步骤。

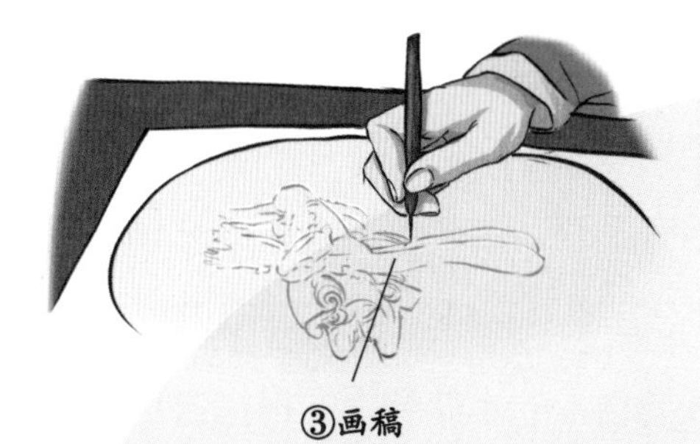

③画稿

将皮影人物的形象画在纸上。什么样的人物穿什么样的衣服，有什么样的装扮，这些都有一定的程式。在画的时候要注意避免这些人物造型和风格在后期加工的时候出现问题。

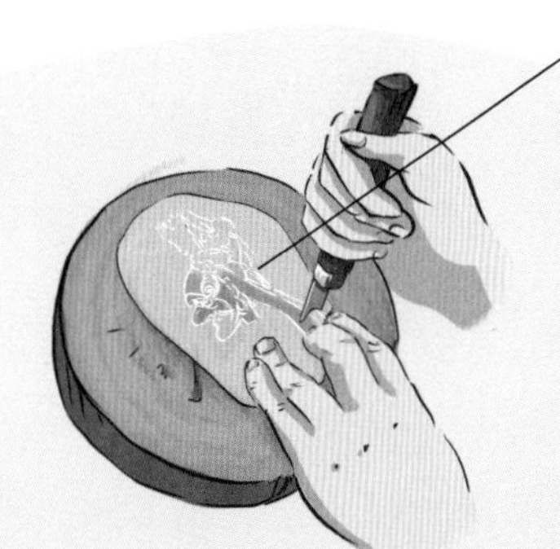

④过稿

处理好的牛皮此时已经接近透明，将牛皮盖在纸稿上，再用钢针将纸上的图案描绘在牛皮上面。牛皮比较薄的部分一般用于人物的上半身，比较厚的部分一般用于人物的下半身，这样可以达到“上轻下重”的效果，有利于对皮影人物的操纵。

⑤镂刻

镂刻是用刻刀将描绘在皮上的图案雕刻出来。这是一个非常复杂的过程，刻皮影人物的不同部分需要用到不同的刻刀，雕刻师傅甚至还有雕刻口诀。

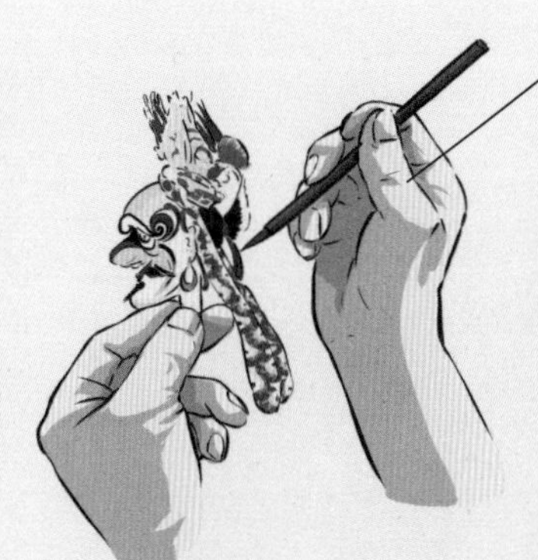

⑥敷彩

为雕刻好的影人上色，这个过程叫作敷彩。艺人用矿物质或植物炮制出很多鲜亮的颜色。上色的方法有很多，有的还需要将颜色加入胶皮里融化后再将液体敷在影人上。敷彩后的影人鲜艳透亮。

⑦发汗熨平

敷彩后的影人还需要脱水发汗，就是用热的东西熨烫影人将其压平，这样，不仅可以使色彩更好地融入皮层里面，还可以将皮里面的水分蒸发出去。在没有熨斗的年代，有的将影人夹在两个木板之间然后放到热炕席下，有的烧热两块砖用砖来压平制作好的影人。

⑧缀结完成

将皮影人的各个部分用枢钉或线缀结在一起，组成一个完整的皮影人物。这些枢钉或者线都是用牛皮做成的，非常有韧性。缀结完之后，皮影人可以灵活地翻转活动，然后再给皮影人装上操纵杆，这样就算制作完成了。

木偶戏

木偶戏是我国的一种传统戏剧，由人来操控木偶进行表演。它的历史非常悠久，现在是我国的国家级非物质文化遗产，也是我国优秀传统文化的典型代表。

木偶戏据说起源于汉朝，在唐朝开始兴盛起来。木偶戏在古代也被称为“傀儡戏”，这是因为作为表演主角的木偶是由人来操控的。木偶戏有专门的一个“小舞台”，木偶们在舞台上活动自如，进行各种唱跳表演，并且有配乐。这个小舞台可以起到划分区域的作用，将表演者和观看者划分到两个不同的区域。另外，它还可以遮挡表演者（操控者），突出木偶，让观众的注意力停留在舞台上的木偶身上。根据各地木偶戏的不同特点，木偶戏主要可以分为提线木偶、布袋木偶、杖头木偶和药发木偶等。

提线木偶在古代又叫作“悬丝傀儡”，民间在一些婚丧嫁娶的活动中会请木偶戏班来表演，以示隆重。木偶的头部由木头雕刻而成，身体由16条以上的线控制，它的表演难度比较高，需要表演者有很高的技艺。

杖头木偶，又被称为“举偶”。它的脖子下面有一根木棒或竹竿，它的两个手臂则被两根操纵杆控制。表演者在表演的时候，一手举着木偶衣服里面的木棒或竹竿，一手控制木偶的动作。

药发木偶，又被称为“放花木偶”。它是一种将烟花和木偶相结合的一种木偶戏，在古代经常在庙会或者祭祀等重大活动上出现。药发木偶所有的表演都是在一根竹竿上完成的。这根竹竿分为上、中、下三层，每一层都悬挂着木偶，并安装有花筒，在表演的时候引燃烟花筒的引线，木偶们在绚烂的烟花中飞快旋转，并做出跳、翻、转等各种各样的动作。

布袋木偶，又被称为“掌中木偶戏”。木偶的头部雕刻得非常逼真传神，演员直接将木偶套在手上进行表演，操作比较灵活，特别是在演武打戏的时候，速度比较快，非常受儿童喜欢。

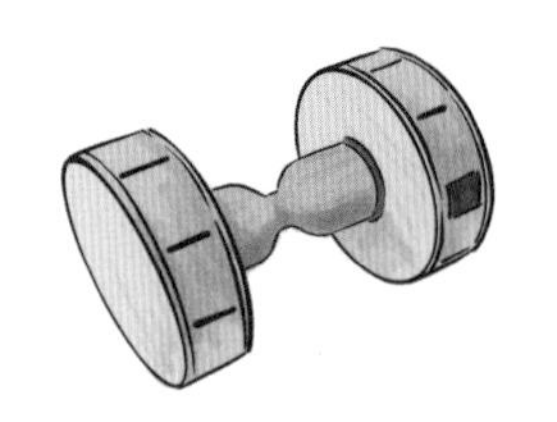

空竹

空竹是一种民间竹木玩具，它在我国的历史非常悠久，现在是我国重要的非物质文化遗产之一。抖空竹有益身心，深受人们的喜爱。

空竹由木头或者竹子制作而成，有单轮和双轮两种类型。轮子与轴相连，轮子内部是空心的，轮子上还开有多个小孔，这些小孔内放置有竹笛。用一根棉线和两根杆就可以将空竹抖起来，空竹轴上的线槽卡着棉线，使空竹可以在棉线上快速转动，并

单轮空竹

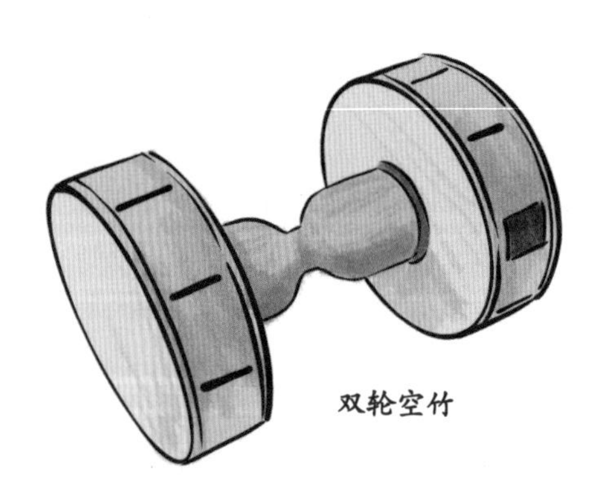

双轮空竹

单轮空竹比双轮空竹更难操控，对技能要求更高，而双轮空竹操作起来则简单很多，抖起来也更加稳当。

发出嗡嗡的响声。原理是空竹在加速运动时，空气快速通过小孔使空竹内的竹笛发出响声。

抖空竹是一种非常简单的运动，但它对身体非常有好处。在抖空竹的过程中，人需要调动全身进行运动，需要眼睛密切配合。上肢要做抖、提、拉等动作，有的时候甚至还要将空竹抛向空中，然后又要稳稳地接住；下肢要及时做出走、跳或者蹬的动作；腰要相应地扭、转或者弯；而头要做俯、仰或者转的动作。

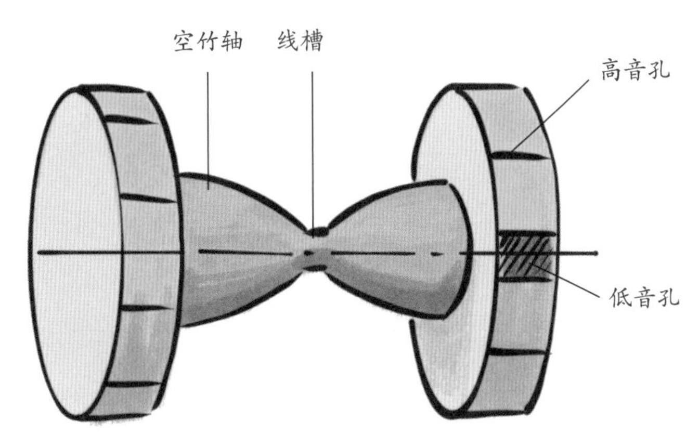

空竹的结构非常简单，主要由轮子和轴两部分构成，轴的中间是凹下去的，形成一个线槽，轮子上面有高音孔和低音孔，大的孔为低音孔，小的孔为高音孔。

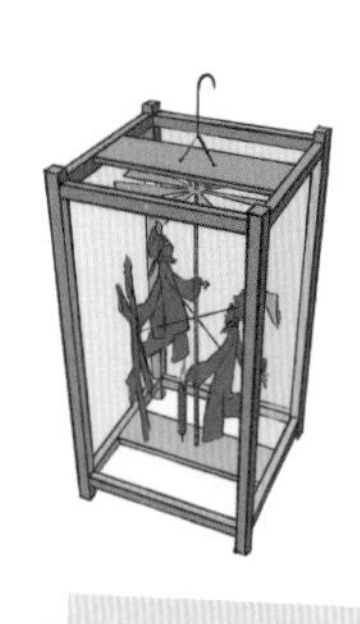

走马灯

走马灯是我国古代一种非常具有观赏性的花灯，也是民间在元宵节和中秋节时不可缺少的一种特色工艺品，它可以增添节日气氛，提高节日的娱乐性。

在一千多年前，我国已经有了关于走马灯的记载。走马灯也被叫作“跑马灯”或“串马灯”。它的外形一般为宫灯状，点燃里面的蜡烛之后，灯外屏上的图案会不断地转动，仿佛图案活了起来，如同动画一般。一旦灯内的蜡烛熄灭，那些旋转的图案也会停下来。因为古代在走马灯里面出现的图案多为武将骑马，所以，便将这种灯叫走马灯。走马灯非常具有观赏性，在元宵节和中秋节时格外引人注目，往往会吸引很多人来观看。

走马灯的框架一般用竹条或高粱秆制作，外面灯罩用纸制作。走马灯内部的结构非常简单，灯的中央是一根轴，连接着顶部的叶轮。剪纸图案一般会粘在一个铁丝圈上，铁丝圈用丝线吊在叶轮下面。或者将图案粘在铁丝两端，多根铁丝交叉固定在灯中央的轴上。剪纸图案之所以会转动，是因为它们被顶部的叶轮或者中央的轴带动。而顶部叶轮和中央轴转动的动力，则来自下面点燃的蜡烛。走马灯的制作原理就是热空气会上升。蜡烛在燃烧的时候会给灯内的空气加热，热空气上升，推动顶部的叶轮带动中央的轴转动，而那些固定在轴上或者吊在叶轮下面的剪纸图案就会随着一起转动，从外面看就像里面的人马在相互追赶。

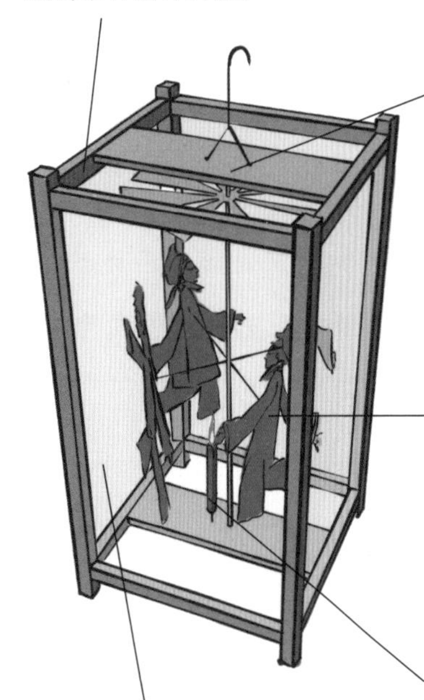

风筝

风筝作为一种大众普遍比较喜欢的休闲娱乐工具，在我国有着非常悠久的历史，风筝制作工艺也已经成为宝贵的非物质文化遗产。

风筝的起源可以追溯到我国的春秋时期，当时的风筝主要用于军事——传递情报。最初的风筝是木制的，外形像鸟，被称为“木鸢（yuān）”。到了唐朝，由于生产力水平大大提高，造纸工艺愈加成熟，于是，纸糊的风筝逐渐成为主流。风筝也从军事用品变成普通百姓的休闲娱乐工具。后来，人们将

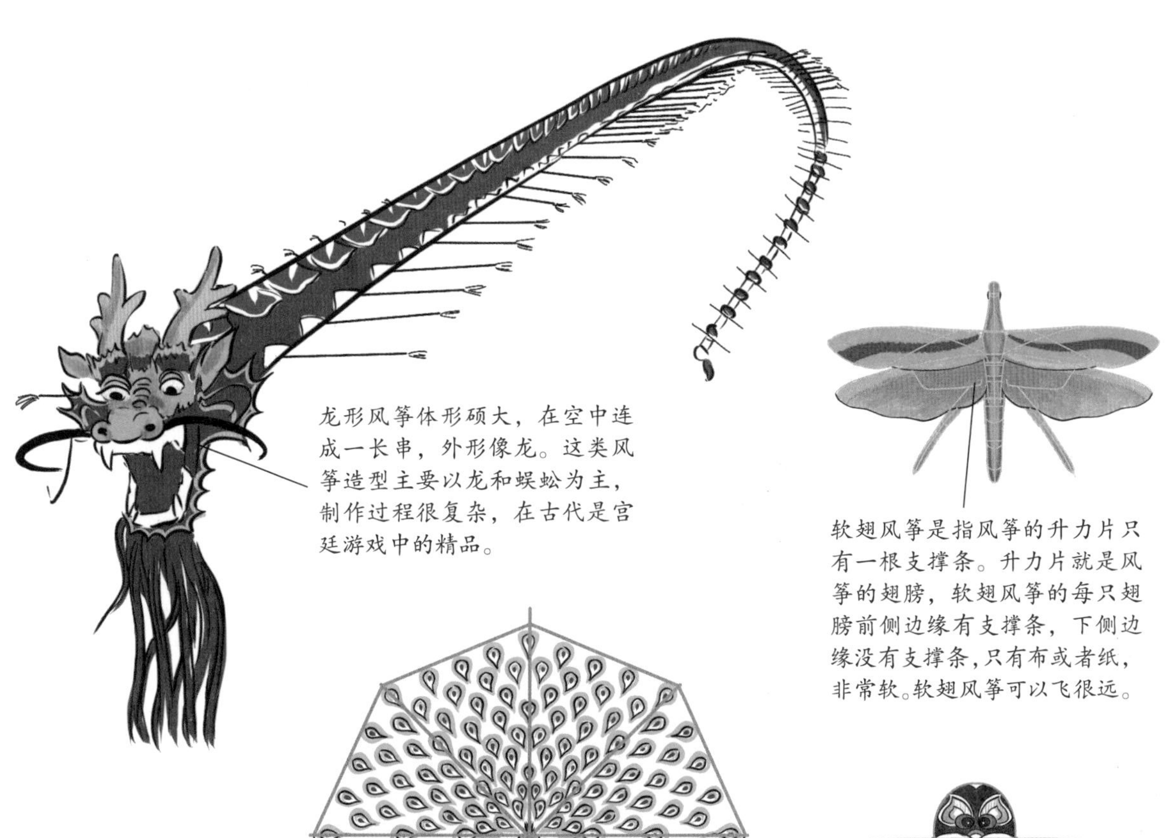

龙形风筝体形硕大，在空中连成一长串，外形像龙。这类风筝造型主要以龙和蜈蚣为主，制作过程很复杂，在古代是宫廷游戏中的精品。

软翅风筝是指风筝的升力片只有一根支撑条。升力片就是风筝的翅膀，软翅风筝的每只翅膀前侧边缘有支撑条，下侧边缘没有支撑条，只有布或者纸，非常软。软翅风筝可以飞很远。

板子风筝整体是一个平面，也没有所谓的升力片，它整体就是一个巨大的升力片。这种风筝制作起来非常简单，而且飞升效果非常好。

硬翅风筝的整个升力片即翅膀都是有支撑条的，一般两侧翅膀会比中间的“身体”高，形成一个通风道。硬翅风筝的优点是可以飞得很高。

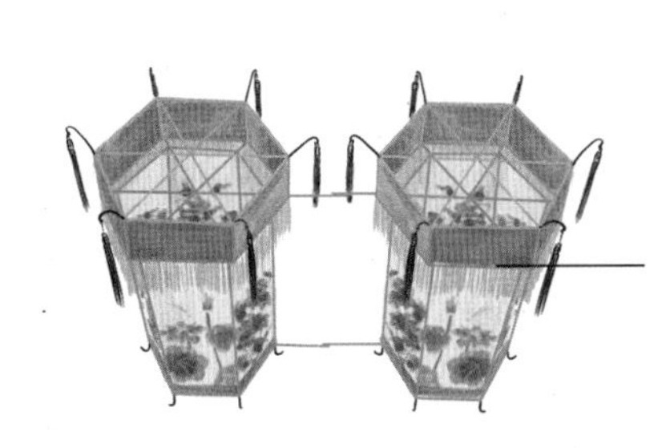

立体风筝也叫筒子风筝，它的结构一般是折叠的，外形比较像圆柱体或者长方体。它的飞升力非常强，而且飞得非常稳，但对放飞条件要求非常苛刻。

风筝和传统文化结合起来，在风筝上面绘一些象征着吉祥如意和福寿的图案，表达对美好生活的向往。

风筝的种类很多，传统风筝大致可以分为软翅风筝、硬翅风筝、龙形风筝、板子风筝、立体风筝等几个类型。

我国各地的风筝千姿百态，种类繁多，它们在造型、表现技巧以及功能上各有不同，所以，就形成了不同风格和不同流派。其中，北京作为中国四大风筝产地之一，它的风筝非常具有代表性，而沙燕儿风筝又是北京风筝中最具有代表性的一种，它在全国的影响力最大，性能也最好，是北京风筝中最突出、最亮眼的一个品种。沙燕儿风筝又叫“扎燕风筝”，它的外形看起来很像一个“大”字，和燕子的样子非常相似，眉眼上挑，也有两个大大的翅膀，像剪刀一样的尾巴。整个风筝的底色虽然是黑色，但风筝的身上会被画上五颜六色的图案，如蝙蝠、桃子、牡丹等，寓意吉祥幸福和长寿富贵，看起来和京剧的脸谱有几分相似，非常具有北京特色。

①用干透的毛竹做风筝骨架是最好的，选择韧性好、节距长的部分，将竹子对半劈开，锯成想要的尺寸，再用刀将竹片刮薄以增强它的弹力，刮完之后用砂纸将其打磨光滑。

②将加工好的若干竹条用线扎成完整的风筝骨架，扎的时候要注意左右对称，使风筝两边的翅膀吃风面积相当，飞行更加稳定。

③传统沙燕儿风筝一般用纸或者绢来绘制，一般选择红色、黄色、黑色等比较浓重或鲜艳亮丽的颜色。这样，风筝飞到空中后才会比较显眼，也容易被看到。

沙燕儿风筝的制作工序是非常考究的，概括起来大致分为四个步骤。

知识链接

放风筝时，要选择晴朗的天气，避免风筝遭到雷击。放风筝的地点要选择空旷的地方，这样有利于风筝起飞和飞行。另外，不要放得过高，以免不好控制导致风筝断线的情况出现。

④将绘上沙燕儿图案的纸粘到骨架上，再用纸裹住骨架。注意要让风筝整体保持平整，且干净利索。

蹴鞠

蹴（cù）鞠（jū）是我国古代的一种娱乐性体育运动，在我国的历史非常悠久，现在是宝贵的非物质文化遗产。蹴鞠对现代足球运动产生了直接影响。

蹴鞠中“蹴”是“踢”或“踏”的意思，“鞠”是一种球，蹴鞠就是踢球的意思。早在原始社会时期，我国就出现了用脚踢的石球和镂空的陶球。“蹴鞠”一词最早见于西汉，这项运动起源于战国时期的齐国临淄。两汉时期，蹴鞠这项运动发展得非常

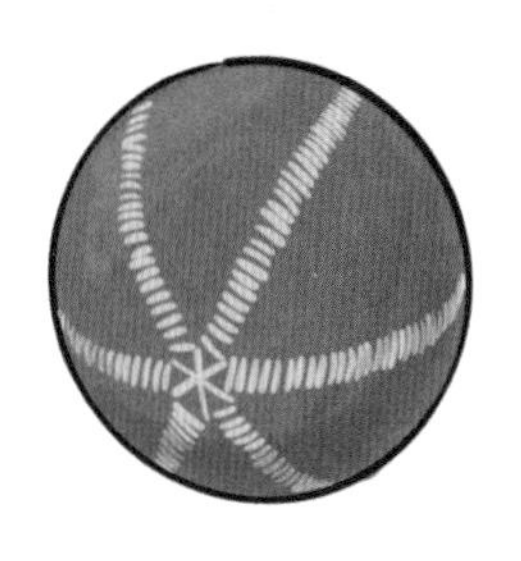
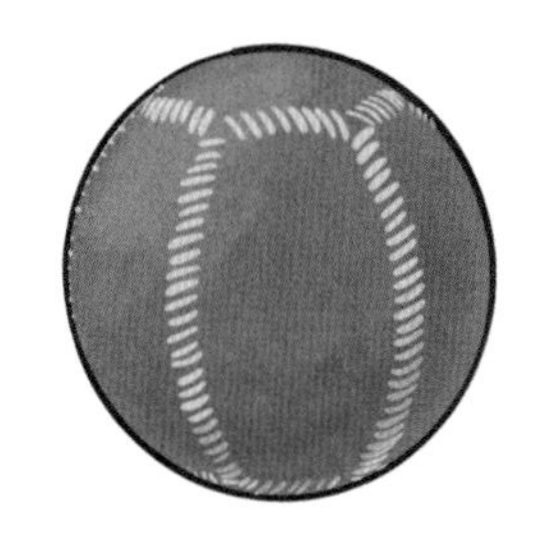

在长期的历史演变过程中，蹴鞠运动中的球也在不断发生变化。唐朝以前，人们普遍使用的是一种填充毛发的实心皮球；唐朝出现了充气的空心皮球；到了明朝，出现了很多制作鞠的手工作坊，鞠的种类也更加多样，甚至出现了用竹子或藤条编织的空心球。

快，不但有表演性的蹴鞠，还有竞争性的蹴鞠，甚至还用来进行军事训练。唐宋时期，蹴鞠运动达到一个新的高潮，不仅更加普及，玩法也更加多样。到了清朝，蹴鞠被现代足球取代。

蹴鞠的玩法和规则随着历史的演变也有所变动，大致可以分为直接对抗、间接对抗和白打三种形式。

直接对抗的玩法出现在汉朝，有专门的球场叫作“鞠城”，这种球场四周有短墙。场内有两个球门，球门的形状像小房子，比赛双方各有 12 名队员，双方通过激烈的接触性身体对抗将球射入对方球门，射球多的那一方为胜者。

间接对抗的玩法在唐宋时期比较流行，只有一个球门，位于场地中央。球门是由两根高高的球杆搭成的架子，架子中间留有一个巨大的洞，也叫作“风流眼”，比赛双方各有 12 或 16 人，双方穿不同颜色的衣服，往风流眼里射球最多的一方为胜者。

白打是没有球门的一种散踢方式，它历时最久，流行最广泛。比赛不再比射球数量，而是比踢球的花样和技巧，谁的花样多谁就是胜者。参加比赛的人可以用上、中、下三个身体部位来接触球，分别对应人的上截解数、中截解数和下截解数（唐宋时期，人们蹴鞠时，用头、肩、胸等上身部位触球叫上截解数，用腹、臀等膝以上部位触球叫中截解数，用小腿和脚触球称为下截解数）。

赛龙舟

赛龙舟是我国劳动人民为了纪念屈原在端午节时举行的一种重要民俗活动，这项活动在我国南方比较盛行。赛龙舟的历史在我国非常悠久，是我国传统文化的一部分，现在已经被列为我国非物质文化遗产之一。

人们为了纪念屈原，将他投江的日子定为端午节，也就是每年的农历五月初五。在端午节这天，人们会吃粽子、赛龙舟。在南方，由于降水多，河流湖泊随处可见，人们对水上运动也十分热衷，所以，赛龙舟就成了我国南方端午节的必有项目。而北方河流湖泊比较多的地方也会举行这样的活动。赛龙舟这样的民俗活动甚至还传到了越南、日本等国家，目前已经被推广为体育项目。

用来参赛的龙舟形状一般比较细长，船头安装有硕大的龙头，龙头会被装饰得色彩斑斓。船尾则安装有硕大的龙尾。龙头和龙尾一般都是用木头精心雕琢而成的，而船身则以彩绘画上龙鳞等，使整条龙舟尽量贴近龙的形象。在古代，人们赛龙舟不但会比划船速度，也会比龙舟的装扮。

龙舟的大小和参赛人数没有限制，参加比赛时，船上不仅有划船的划手，还有舵手、鼓手以及锣手。舵手掌握龙舟的方向，鼓手负责敲鼓，锣手负责敲锣。在比赛的时候，划手们要按照锣鼓的节奏划船，这样能够统一大家的动作和频率，控制好节奏。比赛时，参赛队伍比较多，有时候甚至五六十支队伍一起参赛，每支队伍的队员都穿着与其他队员不同颜色的衣服。在锣鼓声中，划手们奋力争先，岸上观看的人们也为他们加油呐喊，端午节的气氛被推向高潮，最先到达终点的队伍夺冠。

屈原，楚国人，是我国战国时期的一位爱国诗人，也是楚辞的创立者和代表作家。他在楚国郢（yǐng）都被秦军攻陷之后，毅然决然地投入了汨（mì）罗江。

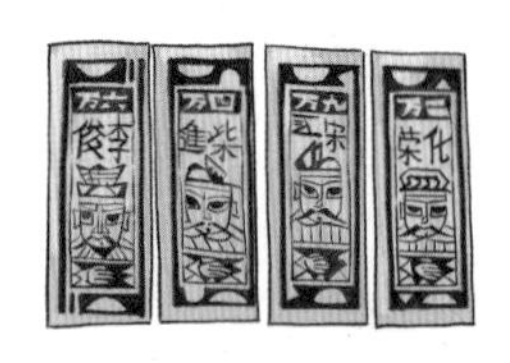

叶子戏

叶子戏是我国古代的一种纸牌游戏，是扑克和麻将游戏的鼻祖，在我国有很长的历史，非常受人们的喜爱。

叶子戏最早出现于汉朝，由于其纸牌外形狭长，看起来像树叶，所以被称为“叶子戏”。唐朝中期，有了关于叶子戏的文字记载。到了宋朝，叶子戏成为行酒令的一种工具，用于增添酒桌上的乐趣。明朝时期，叶子戏风靡社会的各个阶层，达到鼎盛。到了清朝，叶子戏的样式和玩法更加完善，成为一种全民性的娱乐游戏。

叶子戏的纸牌最开始是用手工在厚纸板上画图案和写文字的方式制作而成的。印刷术发明之后，这种纸牌改为统一印刷。它制作简单，造价低廉。印刷行业的繁荣也进一步加大了叶子戏纸牌的印刷量，推动了叶子戏在整个社会各个阶层的普及。

“水浒叶子”将《水浒传》里出现的人物头像印到叶子戏的纸牌上，使得那些喜欢读通俗话本小说的人对其爱不释手，这也进一步扩大了这种纸牌的受众群体。

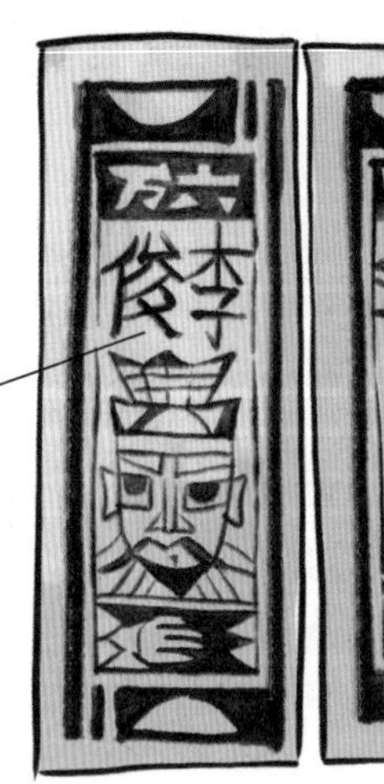

最开始，叶子戏只要两个人就可以玩，一副叶子戏纸牌的张数也比较少。到了明清时期，出现了四人玩的叶子戏，叶子戏纸牌的张数达到 60 张。叶子戏的玩法和现代的扑克比较像，大牌吃小牌，在出牌之前不让别人看到自己手中有什么牌，出牌的时候要将牌的正面亮出进行明牌。由于叶子戏纸牌的张数是固定的，所以，打牌的人只能通过桌上已经出完的牌来推测对方手里剩下的牌。

明朝时期，由于印刷行业的繁荣发展以及话本小说的流行，人们将水浒故事和叶子戏结合在一起创作出了“水浒叶子”，这种纸牌上面印有梁山好汉的头像和名字。清朝时期，人们则将叶子戏和《红楼梦》相结合创作出了“红楼叶戏谱”，这是一种女子在闺阁中玩的游戏。这种将文学作品和叶子戏相结合的玩法，非常受那些既爱打牌又爱看小说之人的喜欢，同时也使叶子戏有了文化和艺术价值。

投壶

投壶是我国古代的一种游戏，也是主人宴请宾客的礼仪之一。它既具有教化的作用，又有休闲娱乐的作用，在我国有数千年的历史。

投壶起源于春秋战国时期，刚开始是士大夫宴饮时的一种礼仪，是贵族阶级的游戏。当时的社会崇尚射箭，甚至把射箭水平作为衡量男子能力的标

投壶游戏中所用的壶可以是金属的也可以是陶瓷的，早期的壶是不带耳的，从晋朝开始，壶的两边增加了两个小耳，投壶的时候可以往壶口投，也可以往壶耳投。早期人们为了防止箭投入壶中之后弹出来，会在壶中倒入红小豆；后期为了增加难度，不再往壶中倒入红小豆，箭如果投入壶中弹出来则不计分，如果在弹出来的时候抓住它则可以连续投下去。

准。在宴请宾客的时候，主人会请客人射箭，这叫作射礼。但随着奴隶主阶级的堕落，很多人甚至连弓都拉不开。于是，人们便将射箭改为用箭投壶。

这种宴饮前的投壶游戏非常注重礼仪，因此规则比较多。

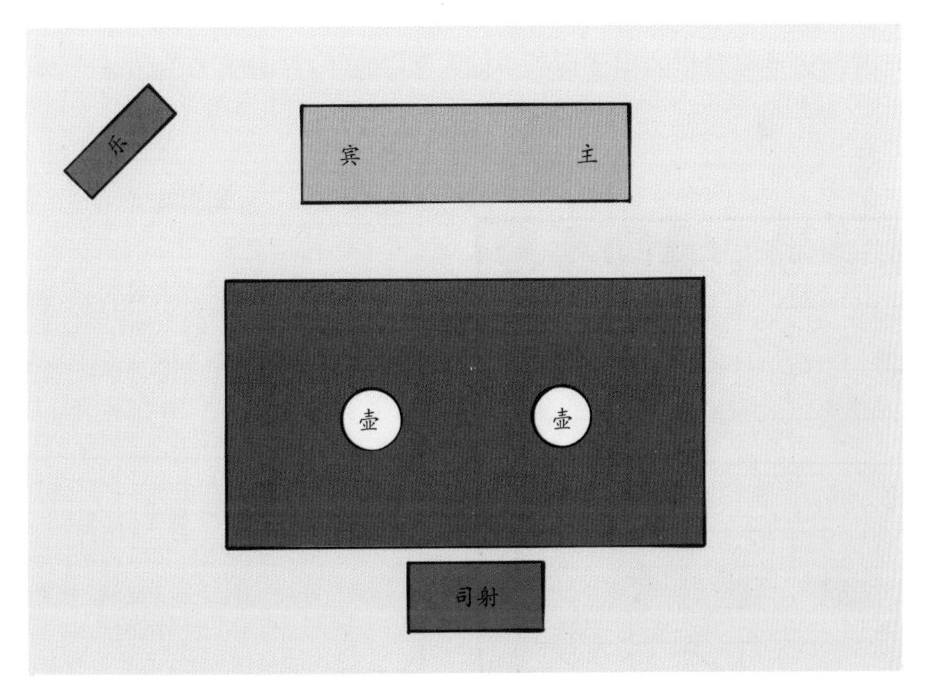

主人和宾客站在离壶距离相等的位置，从主宾的角度来说，主人站在左边，宾客站在右边，每人四支箭，宾主都投完手中的箭算一局，投入壶中次数多的人获胜。

象棋

中国象棋、国际象棋和围棋并称世界三大棋，都是斗智的体育项目。中国象棋将逻辑学、军事学、心理学融为一体，是中华民族智慧的结晶，目前已经被列入国家级非物质文化遗产。

象棋在我国的历史非常悠久，蕴含了丰富的智谋文化，它模拟的是古代的战争，持棋的人需要有判断能力、分析能力以及逻辑推理能力，和对手斗智斗勇，在运筹帷幄之中指挥自己的各路兵种在楚河汉界两边“厮杀”，比拼的是智力和谋略。

象棋起源于南北朝时期，当时称为“象戏”，象即象征的意思，即用这种游戏来象征古代的战场。到了唐朝时期，棋子的兵种达到四种，分别为“将、马、车、卒”，棋盘为黑白相间的六十四个方格。到了宋朝时期，由于火药武器被广泛应用于战场，人们也与时俱进地在象棋的棋子兵种中加入了“炮”，并增加了“士、象”两个兵种。

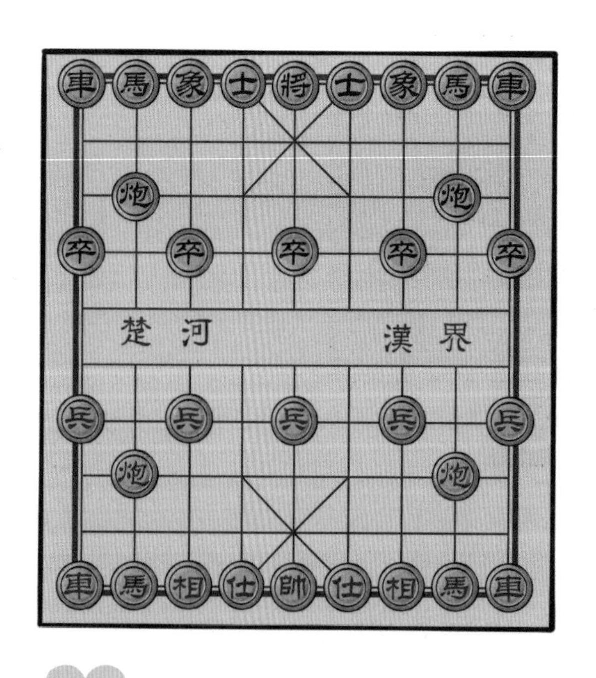

知识链接

中国象棋一共有32颗棋子，包括黑红两种颜色，也就是说，双方各有16颗棋子，各有7个兵种，分别为帅/将、仕/士、相/象、车、炮、马、兵/卒，其中，帅与将，仕与士，相与象，兵与卒的作用完全相同，只不过是为了区分敌我而已。不同兵种的棋子在棋盘中的走法各不相同。棋盘为方格状，上面有10条横线，9条竖线，构成90个交叉点，中间横着楚河汉界。走棋的时候，持黑棋子的一方先行，然后双方交替进行。由于古代战争的取胜理念是“擒贼先擒王”，所以，象棋的规则是谁先将对方的将或者帅“将死”，谁就获得胜利。

中国象棋在宋朝基本定型，棋子数量和棋盘以及走棋规则等和现代象棋极为相似。到了明朝，象棋原本的两个“将”改为一方持有“将”，另一方持有“帅”，这样，双方不容易将棋子弄混。到了元朝，象棋进入了一个大发展时期，全国出现了多个象棋活动中心，吸引了社会名流。元明清时期，象棋不再是贵族和社会名流的专属游戏，民间普通百姓也开始下象棋，象棋成为一种全民性爱好。

围棋

围棋起源于我国，在我国已经有四千多年的历史，它有着非常丰富的文化内涵，是中华文化和中华文明的一种重要体现。

围棋在古代被称为“弈”，“对弈”就是下围棋的意思。到了现代，人们将它的名字定为“围棋”，这是因为这种棋的特点是“以子围而相杀”，即对弈的双方都力图将对方的棋子吃掉，谁最后的棋子多谁获胜。

早在春秋战国时期，围棋就已经在社会上广泛流传开来。到了东汉时期，由于道教盛行，围棋蕴含的文化内涵和道教思想一致，所以，围棋的重要地位得以确立。魏晋南北朝时期，围棋更加盛行，统治者甚至还设立了棋手的等级，按照棋

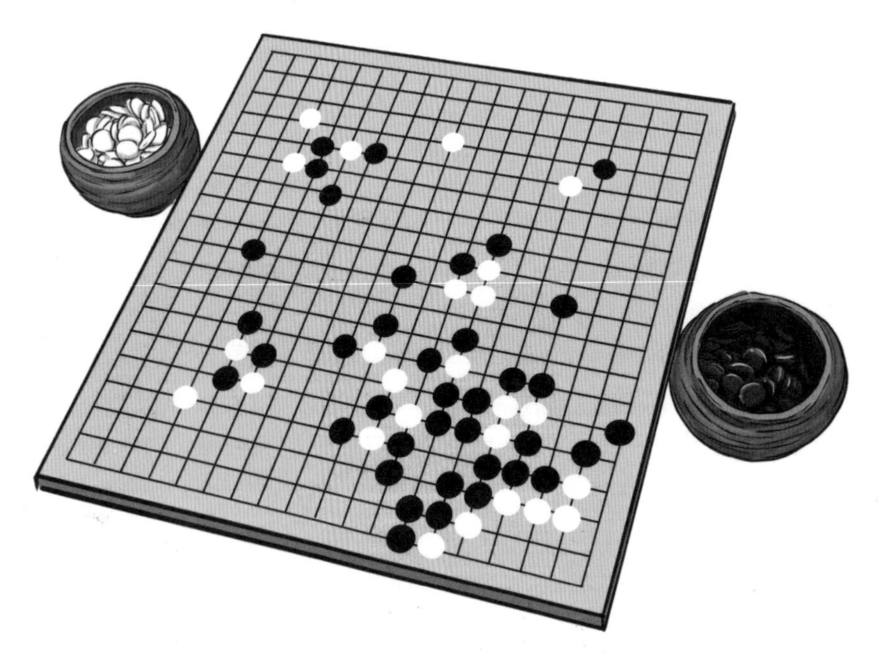

围棋的棋子有黑白两色，黑白博弈的理念和道家的阴阳八卦理论一致。从古到今，棋子的颜色都没有变过，不过制作棋子的材料却随着历史的发展一直在演变。在古代早期，围棋子是用普通的石头制作而成的。隋唐时期出现了用犀牛角或者象牙制作的围棋子。北宋时期，陶或瓷的棋子成为主流。清朝时期，出现了用玻璃做的围棋子。

艺水平将棋手划分为九个等级。唐宋时期，围棋获得统治者的大力推崇和推广，成为男女老幼都喜爱的一种活动。唐朝甚至还专门设置了一个官职叫作“棋待诏”，专门陪皇帝下棋。统治者的这种做法大大提高了棋手的社会地位。值得一提的是，这一时期的围棋走出国门，传到了朝鲜和日本等国。明清时期，围棋界兴起了很多流派，在这些流派的带动下，民间也出现了很多围棋高手，并且出现了很多教人下棋的棋谱。

围棋的棋盘是正方形的，棋盘上面横竖各有 19 条平行线，形成 361 个交叉点。棋子分为黑子和白子两种，黑子有 181 枚，白子有 180 枚。双方各持有一种颜色的棋子。在下棋的时候，黑子先下，将棋子置于交叉点上，双方交替落棋子，棋子一旦落下就不能再移动。如果一个棋子，和它直线相邻的交叉点上没有落棋子，那么这些交叉点就是它的“气”，如果这个棋子周围的“气”全部被对手落了棋子，那么这颗棋子就被对方吃掉了，需要从棋盘上拿走。如果一片相邻的同色棋子都被对手围死，旁边没有“气”，那么这一片同色棋子就都被对方吃掉了。最后，双方棋子都用完以后，谁留在棋盘上的棋子多，谁就是赢家。由于黑子比白子多一个棋子，为了公平起见，最后黑方要给白方贴子。棋手在下围棋的时候要时刻防备着自己的棋子被吃掉，同时还要想办法吃掉对方的棋子，所以，围棋也被认为是世界上最复杂的棋类游戏。

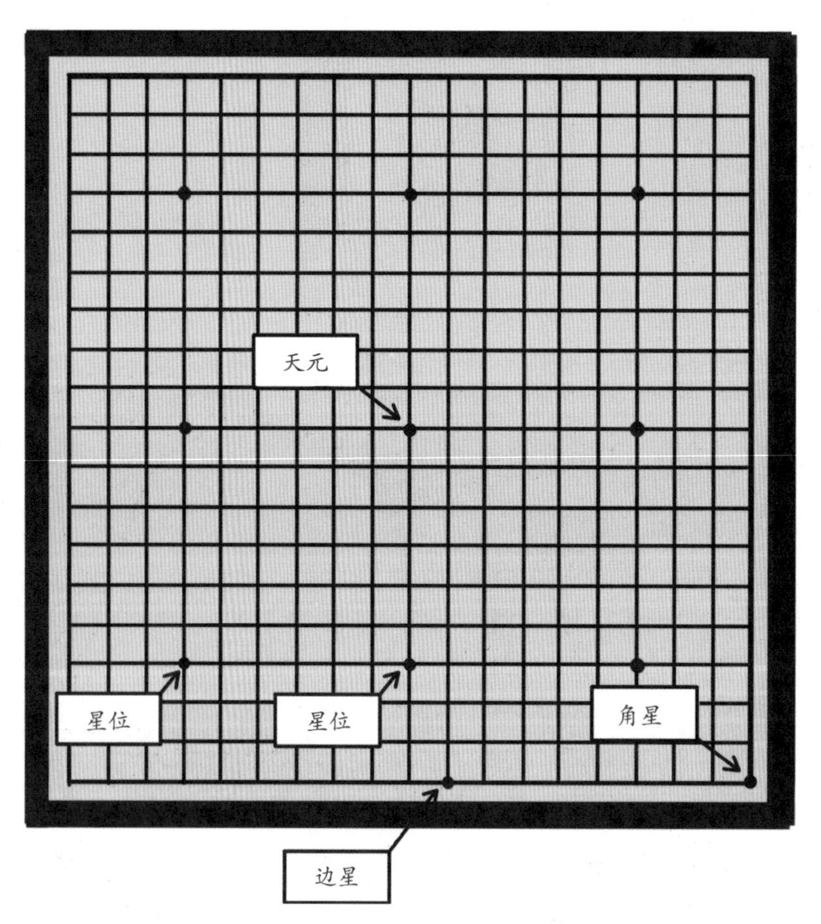

在棋盘的 361 个交叉点中，有 9 个交叉点比较重要，即图中用黑点标出的位置。最中央的那个交叉点称为“天元”，剩下的 8 个交叉点统称为“星位”。这 8 个星位可以连成一个正方形，位于 4 个角的交叉点叫作“角星”，位于 4 条边中间的交叉点叫作“边星”。之所以在棋盘上标出这些位置，是因为它们有重要的战略意义，一般情况下，将棋子落到角星的位置上更容易掌握主动权。其次是边星，也有一定优势。最没有优势的位置是天元。所以有一句围棋俗语称“金角银边草肚皮”，“草肚皮”指的就是最中心的天元这个位置。

这枚黑子周围和它直线相邻的交叉点没有落对方的棋子，所以，它的前后左右一共有四口“气”。图中画出的白云代表“气”。

这枚黑子周围直线相邻的交叉点有三个都被落了白子，只剩正上方的交叉点没有棋子，如果这个交叉点也被对手落了白子,那么这颗黑子就被吃掉了，需要从棋盘上拿出去。

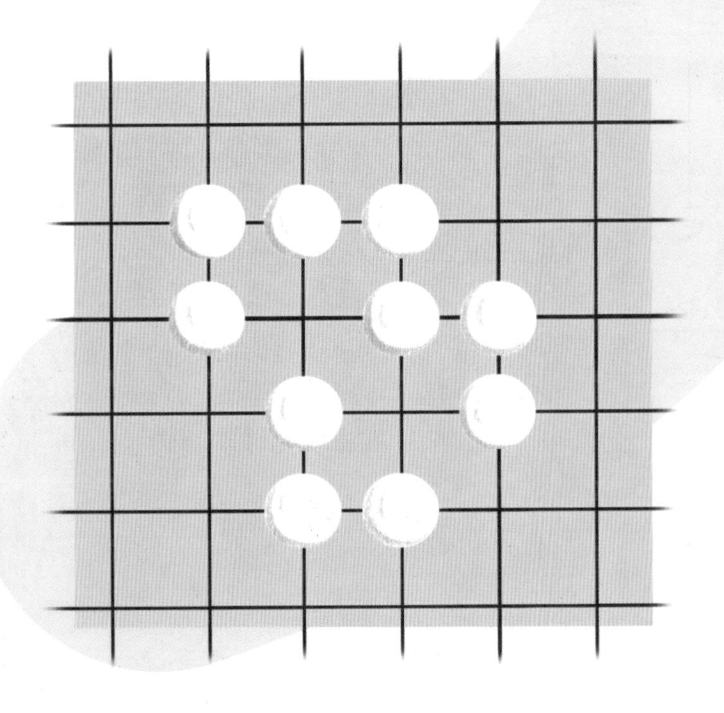

这一片白子中间有两个空着的交叉点，但这两个空位周围没有“气”，按照规则是不能再落棋子的。这种情况下，这片白子有“气”，而黑子却不能断掉白子的“气”，所以，黑子就没办法将白子吃掉。白子就稳稳地占住了这一片区域。

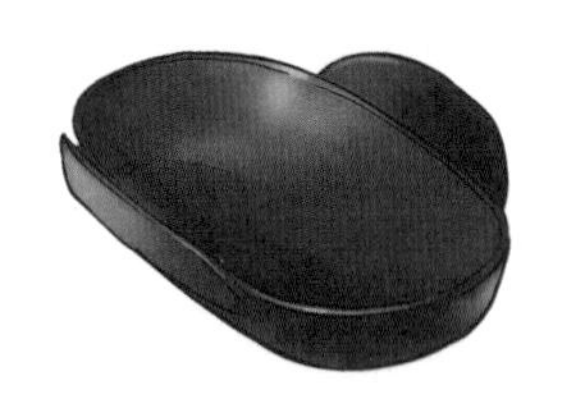

曲水流觞

曲水流觞（shāng）原本是我国古代一种民间传统习俗，后来成为文人钟爱的一种喝酒作诗的宴饮游戏。曲水流觞在我国的历史非常悠久，蕴含着丰富的文化内涵。

知识链接

羽觞杯，又被称为羽杯或者耳杯，是一种平底杯子，在古代主要用来饮酒。它的外形为椭圆形，两边有两个月牙形的小耳朵。古人用它喝酒时，要用两只手来端着喝以表尊重。它的材质有很多种，如木胎漆、金、银、玉等。曲水流觞里面用的羽觞杯是木胎漆器，这种材质的羽觞杯分量比较轻，即使里面装满酒，也可以漂在水面上。

曲水流觞最早可以追溯到周朝，是我国古代人在每年的上巳（sì）节这天必不可少的一项娱乐项目。上巳节是指每年的农历三

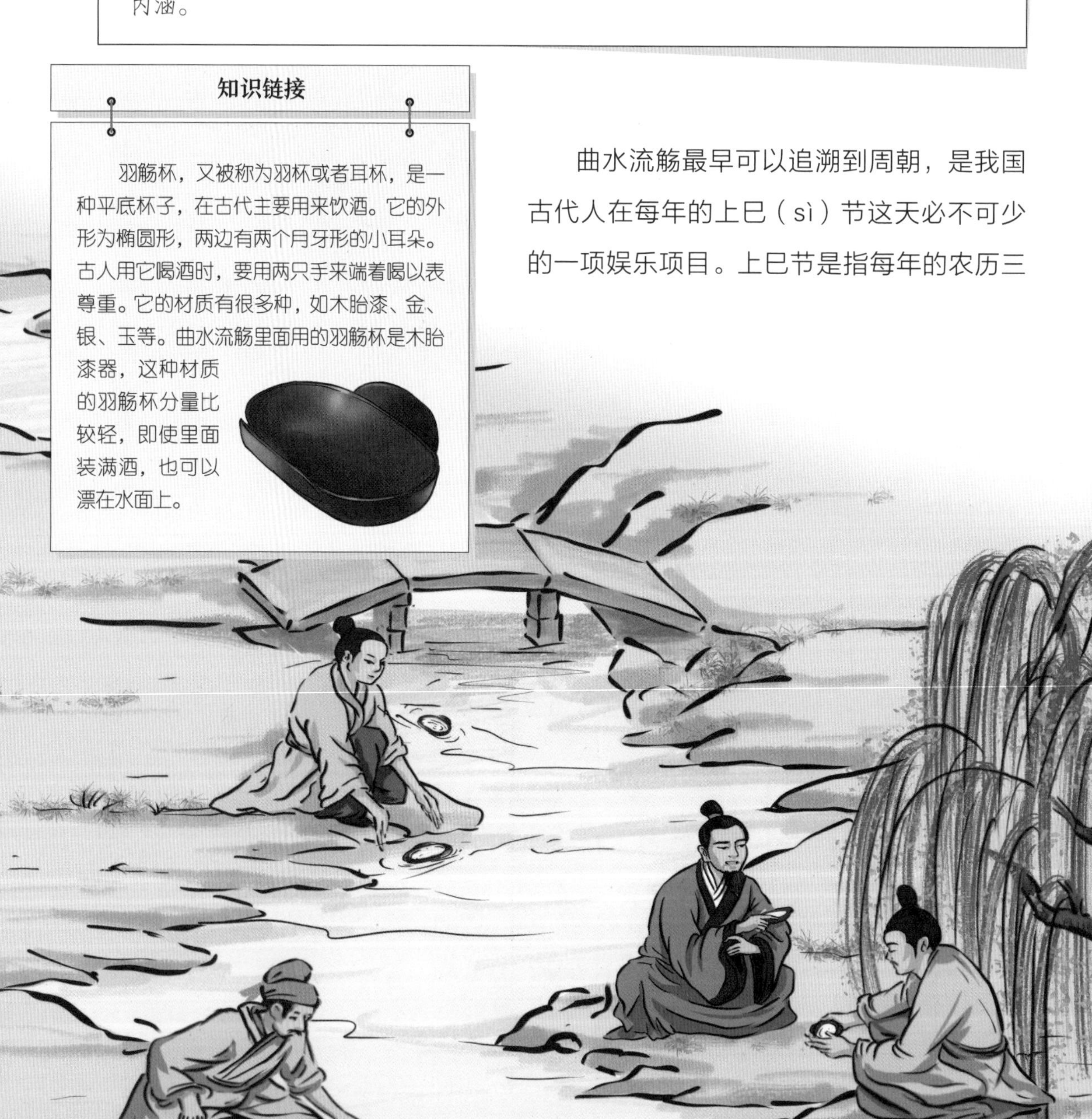

月初三，这一天也被称为“春浴日”或“女儿节”。上巳节由于和清明节的日期相近，后来慢慢被清明节代替了。在上巳节这一天，人们要祭祀、沐浴、举行祓（fú）禊（xì）仪式，然后去郊外春游，通过曲水流觞这种方式来饮酒作诗。

祓禊是一种为了去除灾病和不祥而举行的仪式。早期时候，时间不固定，方式也比较多，有的是薰香沐浴，有的是将牲血涂到身上。后来，固定在每年的上巳节举行，方式是用柳条沾上花瓣水点到人的头上和身上。

曲水流觞一般在举行完祓禊仪式之后进行。人们去郊外的溪水边，沿河流分散坐下，让仆人将准备好的酒水倒入觞中，然后将觞放在溪水面上任其向下游漂流，觞漂流到谁的面前，谁就可以把它从河里拿出来将里面的酒饮下，并作一首诗。如果作不出诗来，就会被大家罚酒。所谓的觞其实就是古代的一种杯子，叫作“羽觞杯”。这种杯子比较扁，形状似小船，放到水中容易漂浮并保持平衡，而且两边有小耳朵，方便拿取。

后来，由于上巳节的祓禊仪式逐渐失传，人们取消了三月三沐浴的习俗，不再专门去野外举行这种曲水流觞的活动，而是改在自己的庭院里举行。由于王孙贵戚的庭院都非常大，亭台楼阁多，于是，他们专门打造了玩曲水流觞的亭子，叫作“流杯亭”。流杯亭的地面上凿有弯弯曲曲的水槽，就像微型的小河流，文人墨客把酒杯放在水槽里的水面上漂流，然后围坐在这些小型“河流”旁边吟诗作赋，别有情趣。古代的一些皇家园林里也有这样的流杯亭，它们的周围往往还建有假山，假山上有流水，流水被引入亭中的水槽中，在水槽里蜿蜒流过之后排入亭子旁边的湖中。这种庭院内的曲水流觞，有山有水，有树木有花草，给人一种置身于山水间的感觉。

明朝时期，出现了桌面上的“曲水流觞”。这种桌子一般比较大，桌面上挖有

小水渠，水在弯弯曲曲的水渠里流动，桌尾有排水口，有仆人专门负责将酒杯放入水渠并不时往水渠里面加水，文人雅士围着桌子坐下，一边喝酒，一边吟诗作赋。这种桌面形式的曲水流觞与野外曲水流觞及流杯亭的曲水流觞相比规模更小，也更加灵活，能够摆脱场地限制。后来，甚至出现了流水宴席，桌面上的水渠里不仅有美酒，还有各种美味佳肴，旁边还配有乐器演奏，宾客一边品尝美味，一边欣赏美妙的音乐，非常惬意。这类宴席都非常高档，一般只有达官贵人才能享受得到。

舞龙

舞龙也叫作玩龙灯，是我国人民在重要节日举行的一种传统民俗活动，以表达喜庆的心情、美好的祝福以及对来年风调雨顺的祈盼。

在我国，自古以来龙就被认为是可以腾云布雨、消灾降福的，也被认为是我们中华民族的象征，它代表着祥瑞和超自然的力量，而华夏儿女则把自己称为“龙

的传人”。人们对龙抱有亲近、敬畏以及崇拜的心理。在古代，人们在遇到旱灾、虫灾的时候，往往会举行舞龙的活动，希望借助龙的力量将这些灾祸驱除。而在丰收的季节，人们则会用舞龙的方式来庆祝丰收，表达喜悦。在春节和端午节等重大节日，舞龙可以很好地增加节日的喜庆氛围，也是不可缺少的一项民俗文化活动。

舞龙活动中的龙由竹篾、绸布或柳条等材料制作而成，舞龙的时候要几十个精壮的汉子举着巨龙伴着鼓乐完成翻滚、腾跃等动作，才能充分地将龙的神韵和气势表现出来。有的时候，两条龙一起舞，而在两条龙之间，有一个人举着一颗球状彩灯在龙前领舞，两条龙要做出各种抢珠的动作，这就叫“二龙戏珠”。在节日的夜晚，人们在舞龙的同时还会燃放烟花和爆竹等，再配上锣鼓唢呐，场面十分宏大，男女老少围观鼓掌，非常热闹。

知识链接

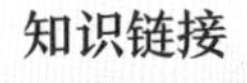

龙是一节一节的，一条龙至少有三节，长一些的龙节数可达十几节。每节下面都有一个长长的木柄，方便舞龙的人手握控制。每节之间用绸布相连，表面用颜料彩绘成龙的样子，并装饰有龙鳞，使整条龙看起来浑然一体，栩栩如生。

由于幅员辽阔，经过长期的历史演变，我国不同的地方形成了不同的舞龙风格，在龙的制作材料及舞龙的方式等方面都有区别。就龙的种类而言，除了用绸布做的布龙之外，还有香火龙、泼水龙、百叶龙、草龙等多种类型。

在遭受虫灾的年间，人们会选择舞香火龙。所谓香火龙，就是将香火插在龙身上，由舞龙人举着龙在黑夜中行进，这样，一些逐光的虫子就会聚集在香火龙身上，香火龙一路舞至田边，然后猛然扎进水塘直至全身被水淹没，这样，一起被淹没的还有那些虫子。所以，香火龙在祈福的同时也起到了灭虫的作用。

泼水龙是在遭遇旱灾的年份人们求雨时舞的一种龙。这种龙不是用纸做的，也不是用布做的，而是用柳条制成的。舞龙的人在街上举着龙行进的时候，围观的人会往龙身上泼水，希望通过这种方式来求雨，泼的水越大就代表希望下的雨越大。

百叶龙是由一片片的荷花花瓣构成的。这些花瓣就如同龙身上的龙鳞一样，花瓣之间紧紧相连，串成一条巨龙。

在发生旱灾或其他灾害的年份，人们会用舞草龙的方式乞求降雨。他们用草编织一条长龙，然后在村子里面舞，舞完之后会将这种草龙送到河边烧掉，表示将龙送回龙宫，祈祷龙回到龙宫之后可以降雨或者降福，消除灾害。

舞狮

在我国，狮子一直被认为是阳刚和威武的象征，有驱邪避灾的作用。早期，舞狮只盛行于宫廷中，后来逐渐在民间流行开来，成为节日里的重要内容。

狮子由彩色的布制作而成，由两个人披在身上扮作狮子的样子进行表演，其中一个人充当狮头，另一个人充当狮尾，充当狮尾的那个人要一直保持半弯腰的状态，比较辛苦。在表演的过程中，还有锣、鼓等乐器演奏，舞狮的两个人要配合默契，做出很多模仿狮子的动作。

舞狮根据不同风格分为两种，一种是北狮，一种是南狮。北狮在我国长江以北的地区比较流行，南狮在我国长江以南的地区比较受欢迎。北狮和南狮在造型以及舞狮风格上都有很大的区别。

在表演的过程中，南狮需要做的动作比北狮多很多，而且动作也更加复杂，难度更高。

“采青”是南狮在表演过程中的一个高潮环节，所谓采青就是人们将生菜挂在高高的杆子上，让狮子去“吃”，生菜寓意“生财”。邀请舞狮表演的主人家会设置一些高高低低的木桩，狮子要在这些木桩上面完成翻滚、跳跃等很多高难度的动作，狮子爬到杆子上面才能够到高处的生菜，由于生菜是青色的，所以，这个环节被称为“采青”。在采青的过程中，舞狮的艺人要展现出自己高超的舞狮技艺。

在古代春节期间，舞狮的队伍会沿街表演。人们在舞狮队伍到来之前，会把红包、橘子和生菜绑在一起，挂在自己家的大门或屋檐上，以此来欢迎舞狮队伍来自己家门口表演。舞狮队伍看到后，就会过来采青，同时为主人奉上一场精彩的表演。舞狮头的艺人会站在舞狮尾人的肩上来增加高度，这叫作“上肩”，然后将手从狮子口中伸出去，将挂在高处的东西摘下来。狮子会把橘子交给主人，寓意是将“大吉”送给主人家，然后“咬”碎生菜并将生菜撒到地上，寓意遍地生财，而红包则可以留下，这是主人给舞狮艺人的报酬。

知识链接

狮子在采青的时候踩的桩子叫作梅花桩，梅花桩高度各不相同，矮的梅花桩有十几米，高的梅花桩接近三十米。一般梅花桩会布成阵，舞狮的艺人不仅要走过这些梅花桩，还要在这些梅花桩上面表演上肩、叠罗汉及爬杆等高难度动作。

图书在版编目（CIP）数据

写给青少年的中国古代科技与发明 . 生活和游戏 / 苏邦星编著 ; 袁微溪绘 . -- 贵阳 : 贵州科技出版社 , 2024.3

ISBN 978-7-5532-1272-2

Ⅰ . ①写… Ⅱ . ①苏… ②袁… Ⅲ . ①科学技术—创造发明—中国—古代—青少年读物 Ⅳ . ① N092-49

中国国家版本馆 CIP 数据核字 (2024) 第 029030 号

写给青少年的中国古代科技与发明 · 生活和游戏

XIEGEI QINGSHAONIAN DE ZHONGGUO GUDAI KEJI YU FAMING · SHENGHUO HE YOUXI

出版发行　贵州科技出版社
地　　址　贵阳市观山湖区会展东路 SOHO 区 A 座（邮政编码：550081）
网　　址　https://www.gzstph.com
出 版 人　王立红
经　　销　全国各地新华书店
印　　刷　河北鑫玉鸿程印刷有限公司
版　　次　2024 年 3 月第 1 版
印　　次　2024 年 3 月第 1 次
字　　数　264 千字（全 3 册）
印　　张　15（全 3 册）
开　　本　787 mm × 1092 mm　1/16
书　　号　ISBN 978-7-5532-1272-2
定　　价　128.00 元（全 3 册）
